森 林 报

[苏] 维 · 比安基 ◎ 著

崔爱云 ◎ 编译

山東畫報出版社

图书在版编目（CIP）数据

森林报 /（苏）维·比安基著；崔爱云编译．-- 济南：山东画报出版社，2019.12（2021.8 重印）
ISBN 978-7-5474-3324-9

Ⅰ．①森… Ⅱ．①维… ②崔… Ⅲ．①森林—儿童读物 Ⅳ．① S7-49

中国版本图书馆 CIP 数据核字 (2019) 第 258754 号

森林报
[苏] 维·比安基 著　　崔爱云 编译

责任编辑　布吉帅
装帧设计　青蓝工作室

出 版 人　李文波
主管单位　山东出版传媒股份有限公司
出版发行　山东画报出版社
社　址　济南市市中区英雄山路 189 号 B 座　邮编 250002
电　话　总编室（0531）82098472
市场部（0531）82098479　82098476（传真）
网　址　http://www.hbcbs.com.cn
电子信箱　hbcb@sdpress.com.cn
印　刷　金世嘉元（唐山）印务有限公司
规　格　150 毫米 ×220 毫米　1/16
20 印张　240 千字
版　次　2019 年 12 月第 1 版
印　次　2021 年 8 月第 3 次印刷
书　号　ISBN 978-7-5474-3324-9
定　价　38.80 元

目 录

No.3 欢歌曼舞月

No.4 鸟儿筑巢月

No.5 雏鸟出生月

No.6 结队飞行月

No.7 候鸟辞乡月

No.8 粮食储备月

致读者

日常生活中，我们所见的报纸上的报道，多是关于人以及与人有关的事情。这当然不能满足小朋友的需要，因为小朋友们更想知道自然界中飞禽走兽和昆虫植物等的生活状况。

森林里每天发生的故事也和城市里的一样多。和人类一样，森林里的居民也按部就班地工作，高高兴兴地过节，也会遇到让它们悲伤的事情。动物世界里也有侠义的英雄好汉和为害一方的盗贼匪徒。可是，这一切，在城里的报纸上却很少见到，所以，人们并不了解每天森林里都发生了什么事。

打个比方吧，一定没有人见过这样的报道：寒冷的冬天，在列宁格勒州，有一只小蚊子从泥土里钻出来，因为翅膀还没长成，它只能光着脚丫在雪地上跑来跑去；也一定没有人看到过林中巨人驼鹿打架斗殴、候鸟集体搬家、长脚秧鸡徒步穿越欧洲等这类有趣事情的报道。

可是，在《森林报》上，我们就可以读到这类有关动植物生存状况的趣闻。

《森林报》本来是一份月刊，一个月一期。现在为了方便读者阅读，我们把一年的《森林报》合编成一本，其中包括编辑部的文章、驻林地记者的电报和信件，以及一些和狩猎有关的故事。

我们的驻林地记者都是由什么人担任的呢？有小朋友、猎人、科学家，还有一些林业工作者——这些经常出入森林的人，非常喜欢与动植物为伍，他们每天都会把发生在动植物身上的有趣的事情记录下来，然后寄给我们《森林报》编辑部。

合订本《森林报》是在 1927 年首次出版发行的，后来重版了八次，每次重版我们都增设了一些新栏目。

我们还曾安排一位特派记者深入森林，他和鼎鼎有名的猎手塞索伊·塞索伊奇生活了好长一段时间。他们每天一块儿打猎，每到休息的时候，坐在篝火旁，塞索伊·塞索伊奇就会给我们的特派记者讲述他的一些有趣的经历。这位猎手的历险故事大大丰富了我们《森林报》的内容，增强了《森林报》的趣味性。

《森林报》是一份地方性刊物，编辑部设在列宁格勒，所以，它所报道的，多是发生在列宁格勒州内或市内的有关动植物的故事。

可是，咱们的国家面积那么大，当北方边境暴风雪大发淫威，人血管里的血液都快被冻得凝住的时候，南方边陲却是艳阳高照，百花盛开；当西部边区的孩子们正要进入甜美的梦乡的时候，东部边区的孩子们已经在穿衣起床啦……只报道列宁格勒州的自然界新闻的《森林报》，显然不能满足全国读者的阅读要求，读者们更希望看到全国范围内的动植物的新闻。鉴于此，《森林报》特别开辟了“祖国各地无线电大串联”栏目，专门刊登来自苏联各地的有关动植物的报道，以飨读者。

真诚希望我们的读者，能够通过阅读《森林报》更好地了解自然界，了解苏联这片沃土上的动植物和它们的生活，以便长大以后更好地效力于我们的国家。

在最新修订出版的第九版《森林报》中，我们设立了名为“一年：太阳在12个月内谱写的乐章”的头条栏目，大量刊发生物学博士尼·巴甫洛娃的文章，大大丰富了栏目的内容。

本报第一位驻森林记者

前些年，列宁格勒列斯诺伊一带的居民在公园里会经常遇见一位满头银发的老教授。他那戴着眼镜的双目敏锐而专注，对从身边飞过的每只蝴蝶和苍蝇都细细观察。他还仔细倾听小鸟们欢快的鸣叫。

居住在都市里的人们不会留意每一只新生的小鸟，也不会细心观察春天飞来每一只蝴蝶。可是，森林的春天里出现的任何新景象，都被他认真地看在眼里。

这位教授名叫德米特里·尼基福罗维奇·卡依戈罗多夫。在漫长的半个世纪里，这位教授坚持不懈地观察我们城市和郊区生机勃勃的自然界。这50年里，四季交替，春去秋来，寒来暑往，都被他深切关注。鸟去燕来，花开花落，树木绿了又黄，生命在有节奏地轮回。德米特里·尼基福罗维奇·卡依戈罗多夫把观察到的一切都一丝不苟地记录下来，并发表在报纸上。

他热情地呼吁别人，尤其是那些年轻人，前去观察大自然，并把写下的观察日记寄过来。在他的感召下，参加大自然观察的人越来越多，观察队伍不断壮大。

到如今，热爱大自然的人们，包括科学家、地方志学者，还有小学生们，都像德米特里·尼基福罗维奇·卡依戈罗多夫那样，养成了认真观察的习惯，在持续不断做着记录和收集工作。

50 年间，教授积累了大量的观察记录。他把这些第一手资料分类整理，汇集起来。他经年累月、持之以恒、耐心细致地工作，再加上其他科学家和众多无名读者的努力，我们这才弄明白春天都有哪些鸟、在什么时候飞到这儿来，秋天它们又是在什么时候飞走的；才清楚地知道，花草树木的生长和发育过程。

这位教授写下许多科普作品，向孩子们和成年人介绍有关鸟类、森林和田野的知识。他还在学校里做过老师，但他坚持认为，孩子们要想真正地熟悉祖国、了解大自然，不能只依靠书本，而应该深入到森林和田野中去。

德米特里·尼基福罗维奇·卡依戈罗多夫身患重病，多年来饱受折磨。1924 年 2 月 11 日，他还没来得及迎来春天，就永远离开了我们。

我们永远怀念他。

德米特里·尼基福罗维奇·卡依戈罗多夫

森 林 年

我们的不少读者都以为《森林报》上刊登的林中轶闻和都市要闻都是些陈年旧事，这是误解，是不符合事实的。其实，虽然年年都有春天，但每一个春天都是富有新意的，不管你活了多大年纪，但所见的绝对没有两个完全相同的春天。

每一年都像是一个有着 12 根辐条的车轮，每个月就是其中的一根辐条。12 根辐条依次滚过，车轮子就转了一圈，接下去又该第一根辐条滚动了。但是，此时的车轮已经离开原地，来到了新的地方。

又一次春回大地！森林从睡梦中醒来，结束冬眠的熊从洞穴爬出；春水漫过，淹没了小动物的地下洞穴；鸟儿又飞了回来，开始嬉戏与舞蹈；野兽们恢复活力，也开始繁育子女。而我们的读者，又可以通过《森林报》，了解森林中所有最新鲜的事情。

在这里，我们的刊载都使用森林年历。这份森林年历与常见的年历不大相同，这一点不值得你大惊小怪吧。

因为所有动物和鸟类，都过着与我们人类不一样的生活，所以，它们当然应该有自己的独特历法。要知道，森林里的树木花草、飞禽走兽都按照太阳的运转来安排自己的生活。

太阳在天上转上那么一圈，地上那就是一年。太阳走过一个星座，度过黄道带上的一宫，一个月就过去了。这里所说的黄道带，就是十二星座的总称。

森林年历里的新年是在春天，而不是在冬季，这个时候，太阳正好走到白羊宫。在迎接太阳的日子里，森林里到处都是一派喜气洋洋的景象，而在送别太阳之时，则是愁云惨淡的景象。

参照着普通的历法，我们也把一个森林年历分成 12 个月，按照森林里的具体情形，给每个月另取了新名。

森林年历

月份

1 月——冬眠苏醒月（春一月）——3 月 21 日到 4 月 20 日

2 月——候鸟回乡月（春二月）——4 月 21 日到 5 月 20 日

3 月——欢歌曼舞月（春三月）——5 月 21 日到 6 月 20 日

4 月——鸟儿筑巢月（夏一月）——6 月 21 日到 7 月 20 日

5 月——雏鸟出生月（夏二月）——7 月 21 日到 8 月 20 日

6 月——结对飞行月（夏三月）——8 月 21 日到 9 月 20 日

7 月——候鸟辞乡月（秋一月）——9 月 21 日到 10 月 20 日

8 月——粮食储备月（秋二月）——10 月 21 日到 11 月 20 日

9 月——冬客临门月（秋三月）——11 月 21 日到 12 月 20 日

10 月——小道初白月（冬一月）——12 月 21 日到 1 月 20 日

11 月——啼饥号寒月（冬二月）——1 月 21 日到 2 月 20 日

12 月——熬待春归月（冬三月）——2 月 21 日到 3 月 20 日

3月21日～4月20日

太阳进入白羊宫

No.1

冬眠苏醒月

（春季第一月）

一年：太阳在12个月内谱写的乐章

喜迎新春

3月21日是春分日。这天的白天和黑夜一样长：天空中太阳待半天，月亮待半天。这天也是森林生物喜迎新春的节日。

民间有句谚语说：三月暖风吹，冰棍儿化成水。太阳赶跑了冬天，阳光使积雪变得松软起来，平坦的雪层上出现了许多蜂窝状的小孔。往日白净的雪也变得灰蒙蒙的，再也不像冬季那样了，看来它在太阳的热情下也屈服了！看雪的颜色发生了变化，我们就知道冬天马上就要结束了。屋檐上挂着的一根根小冰棍儿，化成了一滴滴水，不断往下滴，一滴，两滴……地面上逐渐汇成了一个个水洼。街头的麻雀互相招呼着，欢快地在水洼里扑腾着双翅，想洗掉自己羽毛上积累了一冬的灰尘。花园里，山雀们银铃般的歌声传了出来。

春天扑扇着阳光的翅膀飞临人间，遵循着严格的工作秩序。首先是将大地从积雪的覆盖下解救出来：阳光使白雪一片片地融化，土地露了出来。此时河湖还在冰雪下沉睡，森林也在积雪下酣眠。

3月21日这天清早，人们会按照俄罗斯古老的风俗，用洁白的面粉做成云雀的样子烤着吃。这是一种形状小巧的面包，前面捏出了个鸟嘴，再用两颗葡萄干做双眼。人们还要在这天打开鸟笼放生，按照新习俗，这天也是爱鸟月的第一天。孩子们会在这天为生有翅膀的朋友们操劳。他们在树上挂满了鸟窝，有椋鸟窝、山雀窝和树洞式鸟窠；他们还把树枝捆扎起来，方便鸟儿做窝；他们还会为小客人们建立免费餐厅；学校和俱乐部还会举办报告会，他们会详述鸟类保护我们森林、田地、果园和菜园的情况，仔细宣传怎样爱护和欢迎这些活泼可爱、挥舞着翅膀的歌唱家。

3月，母鸡们也可以在家门口畅饮甘甜的春水了。

林中逸闻

新春降生的第一只蛋

秃鼻乌鸦是森林里产卵最早的鸟。它的窝就建在高大的云杉上，树上还覆盖着厚厚的积雪。乌鸦妈妈们长时间卧在窝巢里，因为它们怕蛋被冻坏，怕小乌鸦被冻死。食物只能由乌鸦爸爸送给它们吃。

雪地里的兔宝宝

积雪还覆盖着田野，兔妈妈就生下了一窝兔宝宝。

兔宝宝一出生就睁开了眼睛，它们身上裹着一件厚软暖和的小皮袄。它们一落地就能跑跳，经常在吃饱了之后四散开去。但是它们会藏在灌木丛和草丛里，乖乖地趴在那儿，不出声，不乱动，更不会调皮捣蛋。兔妈妈则跑得无影无踪。

一天，两天，三天，兔妈妈只知在野地里蹦跳，早已经忘记了孩子们。可是兔宝宝们仍旧趴在原地。它们可不能乱动，也不敢到外面瞎跑！否则，就会被老鹰瞧见，或是被狐狸跟踪。

兔妈妈终于从远方跑回来了。不对，它不是兔宝宝们的妈妈，这只是一位过路的陌生兔阿姨。但是饥饿的兔宝宝实在没有办法，

就跑到对方跟前吱吱地央求："喂喂我们吧！""好吧，好吧，那就过来吃吧！"大方的兔阿姨喂饱了兔宝宝们，又跑开了。

兔宝宝再次回到灌木丛里老老实实地趴着。它们的亲妈妈此时不知道在什么地方喂着谁家的兔宝宝呢。

原来兔妈妈们已经约好了：所有的兔宝宝都是大家的孩子。不管哪一只兔妈妈在什么地方碰见小兔子，都得给它们喂奶。不管是自己的孩子，还是别人的孩子，兔妈妈都一视同仁！

你们以为兔宝宝离开了父母的抚养，生活就会很艰难吗？才不是这回事呢！兔宝宝身上裹着厚暖的皮袄，兔妈妈的奶水又浓甜味美，它们只要吃一顿，就可以撑上好多天呢。

出生后八九天，兔宝宝就能吃草了。

春天的伪装

森林里，凶猛的动物经常袭击温驯的动物。不论在哪里，只要它们发现对方，就会猛扑过去，捉住猎物。

冬天，白兔和白山鹑换上白衣，人们很难在雪地上发现它们。

但是现在积雪正在融化，很多地方已经露出了土地。那些狼、狐狸、鹞（yào）鹰和猫头鹰，还有白鼬（yòu）、伶鼬等小型食肉动物，隔老远就能看到那些积雪融化后的黑土地上的白衣裳。

于是，白兔和白山鹑想了个妙计。到了春天，它们就褪去白衣裳，换上其他颜色的新衣裳。白兔换了灰衣，山鹑则褪掉了全身的白羽毛，换上褐色和红褐色相杂、带有黑条纹的新羽毛。换装后，兔子和山鹑就很难再被发现了。

这样一来，那些食肉小兽也只能乔装改扮了。冬天，伶鼬浑身雪白，白鼬也一样，只有尾巴尖儿是黑的。那时，它们能在雪地里悄悄接近温驯的小动物，在白色皮毛的掩盖下它们很难被对方发现。可是现在它们也得变换毛色了。它们都换上了一套灰衣服。不过白鼬的尾巴尖儿上仍旧带着黑斑，但是不管是冬还是夏，尾巴尖儿上的黑斑并没有坏它的好事。要知道，雪地上到处都是灰尘和腐叶，有黑斑是很正常的。土地上和草地上的黑斑就更多了。

森林雪崩

森林里突发了一场雪崩。

松鼠的窝搭在云杉的枝杈间。事情发生的时候，松鼠一家正在暖和的窝里睡大觉、做美梦呢。

突然，一团沉甸甸的雪球从高高的树梢上坠落下来，直接砸在它家的房顶上。受惊的松鼠立刻从窝里跳了出来，但是刚出生不久的松鼠宝宝还在窝里呢，孤单脆弱的它们此刻正需要帮助。

松鼠妈妈立刻往外挖开雪层。幸运的是，这从天而降的雪球只是压住了房顶，这房顶是用坚固的粗树枝搭起来的，很结实，铺着柔软暖和的苔藓的圆巢并没有受到任何破坏，窝里的小松鼠们也没有被惊醒。这些松鼠宝宝真是太小了，它们浑身光溜溜的，眼睛还没有睁开，也听不到声音，和刚出生的小老鼠差不多。

奇异的“茸毛花”

沼泽地里的雪全化了，水充满了草丛间的空隙。草丛下，一些银白色的小穗儿在光滑的绿茎上晃动着。难道它们是去年秋天来不及飘走的草籽吗？难道它们就这样在冰雪下度过了整个冬天？看起来不太像。它们那么干净，那么新鲜，很难让人相信是上一年剩下来的。

你只要采下小穗儿，拨开茸毛，就会明白了。原来它们是花儿。那些像丝线一样的白色茸毛中，露出了金色的雄蕊和细丝般的柱头。

羊胡子草的花儿就是这样的，花儿上的茸毛是用来保暖的。羊胡子草开花时，夜晚还冷着呢。

尼·巴甫洛娃

四季常青的森林

不仅是热带和地中海沿岸，常绿树木在俄罗斯北方的森林里也有。现在是新春第一个月，我们的森林中生长着一些常绿灌木，到这样的森林里去游览，既看不到黑色的烂叶，也看不到令人沮丧的枯草，真让人感到高兴啊！

森林里的小松树蓬松可爱，绿中透着淡灰色，远远地就吸引了人们的注意。如果能在这些可爱的小松树中间停留片刻，心情肯定会更加愉快！这里，每种生物都生机盎然：柔软的苔藓泛着绿油油的光泽；越橘的叶片闪闪发亮；石南纤细柔嫩的枝条长满了好像鳞甲一样的奇特叶芽，优雅的枝条上还残留着去年开放、还未凋谢的淡紫色小花。

如果你走到沼泽边，就能够看到一种常绿灌木：蜂斗菜。它的叶片是墨绿色的，叶边缘向上卷着，露出了泛着白光的叶背，好像涂了一层白色颜料一样。但是你站在这种小灌木前时，很难注意到这些叶片，因为还有一种更有趣的东西吸引着你的注意力：这就是蜂斗菜的花儿！这些粉红色的小花儿像铃铛一样，和越橘花十分相似。在这个温度还很低的早春季节，能在户外看到花儿，真是一件令人惊喜的事情！为什么不采一束带回家呢？绝对没有人相信这些花是从林子里采来的，人们一定会以为是温室里培育出来的。

因为在早春季节，很少有人会去森林里散步的。

尼·巴甫洛娃

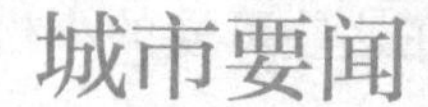

城市要闻

屋顶音乐会

每个夜晚，猫儿们都会聚集在房顶举办音乐会。它们很喜欢这种形式的音乐会。但是，每次音乐会总是会以歌手们大打出手而收场。

阁楼人家

近期，《森林报》的一名记者为了调查阁楼人家的生活状况，拜访了市中心的许多阁楼人家。

在阁楼角落里安家的鸟儿们很满意它们的生活环境。谁感到冷了，就可以离壁炉的烟囱近一些，这样可以获得免费暖气。鸽妈妈已经开始孵蛋了；而麻雀和寒鸦正在四处搜集稻草造窝，它们还要搜集绒毛和羽毛做床垫呢。

唯一让鸟儿们苦恼的是，可恶的猫儿和淘气的小男孩们经常会毁坏它们的窝。

无精打采的苍蝇

一些大苍蝇出现在街头上，它们全身泛着金属光泽，蓝中带绿。像是在秋天一样，它们看起来精神萎靡。它们还不会飞行，只能勉强依靠自己的细腿沿着墙缓慢地爬行。

这些硕大的绿头苍蝇整个白天都在晒太阳，到了晚上就爬回墙壁或篱笆的缝隙里去了。

晒太阳的石蚕

一些灰色的小虫子呆头呆脑地从河面浮冰缝隙里爬上来。爬上岸后，它们脱下了皮外套，变成了长翅膀的小虫。它们有着苗条、匀称的身体，这不是苍蝇，更不是蝴蝶，它们是石蚕。

石蚕有双长长的翅膀，身体很轻，但是这时还不会飞。它们的身子很弱，还要晒会儿太阳才行。

石蚕们爬过马路。路上的行人会经常踩到它们，马蹄也会时不时地践踏它们，车轮更是经常碾压它们，还有麻雀也不住地啄食它们，但是它们仍然不顾一切地往前爬。石蚕的数量成千上万，多得简直数不清。

已经爬过马路的石蚕，就爬到房屋墙壁上，尽情地晒太阳去了。

最先出现的蝴蝶

蝴蝶开始飞出来呼吸新鲜空气了，它们在太阳下晾晒着双翅。

最早出现的一批蝴蝶，是那些黑褐色中布满红点的荨麻蛱（jiá）蝶和浅黄色的柠檬蝶。它们隐藏在阁楼上度过了整个冬天。

春之花

款冬黄色的小花儿开满了花园、公园和庭院里的每一个地方。

街头巷尾的卖花者也开始出售一束束在森林里采摘的早开的春花。卖花人将这种花称作“雪下紫罗兰”。不过不管是在颜色上还是在香味上，这种花和紫罗兰都有些差别。事实上，这种花的真正名称是“獐耳细辛”。

树木也正在苏醒过来，白桦树的树干里树液正在流动呢！

庆祝会通行证

孩子们在静候长着羽毛的朋友们。大队委员会给每位少先队员都分派任务：每人做一个椋鸟房。

孩子们都在为这事忙碌着。附近有个木工厂。如果谁还不会做椋鸟房的话，可以到那里去学习。

为了使鸟儿们在我们这里落户，孩子们在学校的花园里搭建了许多鸟屋。这一行动成功后，可以使苹果树、梨树和樱桃树受到鸟儿的保护，避免被青虫和甲虫等害虫糟蹋。等到庆祝爱鸟节那一天，每位少先队员都要带着自己做的椋鸟房到会场上来。孩子们已经约好了：这些椋鸟房就是我们参加庆祝会的通行证。

驻森林记者　沃洛佳·诺维

任尼亚·科良吉根

农场纪事

农场新闻

拦截春水

田野中积雪融化而成的水，竟然没有经过任何人的允许，就想任性地私逃到洼地里去。

场员们及时将出逃的春水拦截了，他们用结实厚重的积雪在斜坡上垒起了一道横堤。

雪水被堵在田里，开始悄悄渗进泥土。

田中居住的绿色居民们感到水正缓慢地流到自己的根旁，它们禁不住喜气洋洋。

乔迁新居的马铃薯

马铃薯从冰冷的仓库里搬进了暖和的土壤新房。

被播种的它们对新家很满意，愉快地准备发出新芽。

援助“饥民”

积雪全都融化了，田野里长满了低矮瘦弱的小苗。但是田野还没有睡醒，小苗的根无法从土中吸取任何养分。可怜的小苗只能饿着肚子了。

农场的人们十分珍爱它们。原来这些瘦弱的小苗并不是野草，而是秋天种下的小麦。农场早就为它们准备好了营养丰富的大餐，有草木灰、鸟粪、厩肥和营养盐。

大餐将从空中食堂分发给那些正在忍饥挨饿的朋友。

过不了多长时间，田野的上空就会有飞机飞过。飞机会撒下“美餐”，保证让每一棵小苗都吃个肚儿圆。

尼·巴甫洛娃

狩　猎

法律规定，春天的狩猎期很短。若春天提前到来，就可以提前狩猎；若春天迟到，狩猎也只好延迟。

春天狩猎时，不准带猎狗，只能猎捕那些森林里和水面上的鸟儿，而且只能猎取雄性的，比如雄野鸡和雄野鸭，不准猎取雌性的。

猎捕求偶的鹬（yù）鸟

白天出城的猎人，在傍晚就能抵达森林。天色灰暗，没有风，下着小雨，正是个温暖的黄昏。这样的天气正适合鸟儿求偶。

在森林边儿上，猎人选好了位置，他倚靠在小云杉上，周围是一些低矮的赤杨、白桦和云杉。还有 15 分钟太阳才会落山，这

段时间可以抽会儿烟，等一会儿就不行了。

站着的猎人聆听着森林里各种鸟儿的歌声。尖耸的枞树梢上传来了鸫（dōng）鸟高亢的歌声，红胸脯的欧鸲（qú）则在树丛中低哼着。

太阳落山了，鸟儿们逐渐安静下来，最后连最爱唱的鸫鸟和欧鸲也沉默了。

现在，要注意了，竖起耳朵，仔细听！忽然，一阵“蛐儿科、蛐儿科、霍儿、霍儿”的叫声在寂静的森林上空传响。

猎人猛然颤抖了一下，将枪往肩膀上一扛。他静静地站着，屏息细听，声音是从哪里传来的呢？

“蛐儿科、蛐儿科、霍儿、霍儿！”

“蛐儿科、蛐儿科！”

竟然来了两只！两只长嘴的丘鹬，快速扑扇着双翅向前疾飞，从森林上空掠过。一只紧追着另一只，但又不像在打斗。看起来是雄鸟在追求雌鸟，雌鸟在前，雄鸟随后。

砰！枪响了！飞在后面的雄鸟打着转儿，像风车儿一样慢慢坠入了灌木丛里。

猎人赶快跑了过去，晚了受伤的鸟儿就会逃跑，或者钻进灌木丛，那就找不到它了。

丘鹬的羽毛是暗黄色的，看起来就像枯黄的落叶。看，它挂在灌木丛上了！

又有一只丘鹬不知从那边什么地方传来了一阵“蛐儿科、蛐儿科、霍儿、霍儿”的叫声。

但是距离有点儿远，猎枪打不到。猎人再次躲到小云杉后面，聚精会神地侧耳细听。森林里静悄悄的。

突然，声音再次响起，“蛐儿科、蛐儿科、霍儿、霍儿！”

就在那里，就在那里，但是离得很远。

引它过来吗？也许能将它引过来。

猎人摘下皮帽，向空中抛去。

雄丘鹬的眼非常尖。虽然是黄昏，森林里昏暗模糊，但是它仍然在不停寻找雌丘鹬。它很快就发现了那只从地面上飞起又迅速落下的黑乎乎的东西。

是雌丘鹬吗？雄丘鹬在空中画了道长长的弧线径直向猎人扑来。

砰！——雄丘鹬翻了一个跟头，从空中一头栽了下来！像木头一样撞在了地面上，当场丧命。

夜色逐渐淹没了森林。林中四处响起了“蚩儿科、蚩儿科、霍儿、霍儿”的叫声，此起彼伏，断断续续，让人不知道该往哪里转身。

激动的猎人双手开始抖动起来。

砰！砰！没射中！

砰！砰！又没射中！

还是先停止射击，暂时放过一两只，稳定下情绪再说吧。

好了，现在手不抖了。

可以再开枪射击了。

森林深处黑黢黢的，忽然从中传来一阵低沉可怕的猫头鹰叫声。一只睡眼蒙眬的鸫鸟被吓得惊声尖叫起来。

周围一片漆黑，马上就看

不清了，那时就不能再开枪了。

但是，“蚩儿科、蚩儿科”的声音再次响起。

另一边也传来了同样的声音：

“蚩儿科、蚩儿科！”

两只偶遇的情敌竟然在猎人的头顶大打出手。

“砰，砰！”枪声接连响了两次。两只雄丘鹬应声落地。一只蜷缩成一团，像土块一样一头栽了下来；另一只则翻着跟头，不断旋转着径直落到猎人的脚旁。

现在该走了。

趁着天色尚早，还能看清小路，尽快赶到附近鸟儿求偶的地方去。

松鸡的恋爱场

晚上，在森林里坐下来的猎人开始吃东西，他喝了一点儿水壶里的水。可不能生火，会惊飞鸟儿们的。

不用等太长时间，天就该亮了，松鸡在天亮之前就早早地开始求偶了。

突然，寂静的黑夜中传来了两声低沉嘶哑的猫头鹰叫声。

该死的坏家伙！你会把求偶的松鸡吓跑的！

东方略微露出一点儿亮光。可以隐约听到有一只松鸡正在某个地方欢唱着，紧接着又响起了一阵“咯咯嗒嗒”的声音。

猎人猛地跳起身，竖耳细听。

听！又一只松鸡在叫唤了，就在离猎人不太远，大约 150 步的地方。又有一只也叫了起来……

猎人偷偷地摸过去。双手紧紧攥着猎枪，手指紧扣在扳机上。

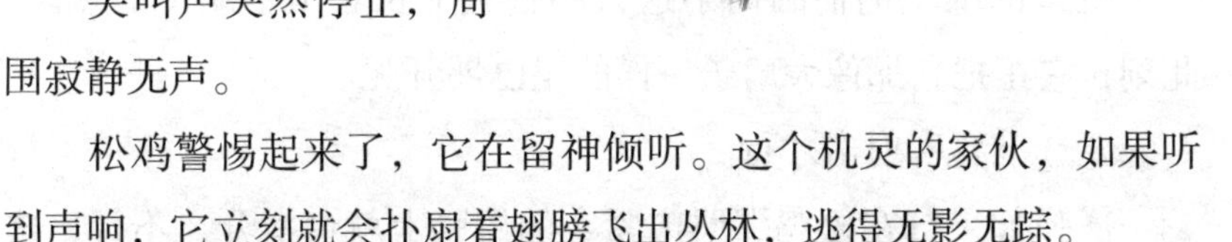

他死死盯住一棵粗大黝黑的云杉。

再仔细听一下，“咯咯”声消失了，一只松鸡发出了一种带颤音的、尖细的“嗒嗒”声。

猎人向前纵身跳了两三步，然后又站住不动了。

尖叫声突然停止，周围寂静无声。

松鸡警惕起来了，它在留神倾听。这个机灵的家伙，如果听到声响，它立刻就会扑扇着翅膀飞出丛林，逃得无影无踪。

松鸡没有听到响动，它高声叫起来。“嗒嗒，嗒嗒”的清脆叫声就像两根响木在相互碰撞。

猎人仍然静静地站在那里。

森林里再次响起了松鸡的叫声。

猎人迅速向前跳去。

发出一阵“嗒嗒”声后，松鸡再次突然停止了鸣叫。

刚抬起腿的猎人不敢再迈步了。松鸡仍然保持着沉默，正在仔细探察着动静。

一段时间后，松鸡又一次“嗒嗒”地尖叫起来。

就这样反复试探了很多次。

猎人已经成功地靠近猎物了。松鸡就站在不远处几棵云杉的树腰上，离地面并不高。

陷入爱河的松鸡正忘情地唱着，现在就算你朝它大声嚷嚷，估计它也听不到了！

但是松鸡现在到底在什么地方呢？树丛里一片漆黑，根本就看不清，很难找到它啊。

哈，原来藏在那里。喏，就在猎人身旁一根毛蓬蓬的树枝上，离这儿还不到30步。瞧，一根又长又黑的脖子，小小的脑袋上还长着山羊胡子。

松鸡停止了叫唤，现在可千万不要乱动。

“嗒，嗒，嗒”的声音再次响起，还夹杂着其他叫声。

猎人将枪举了起来。

枪口的准星悄悄瞄向了这只小脑袋上长着山羊胡子的黑影，此刻，它正把它那像大扇子一样的尾巴展开呢。

要选准要害射击才行。

霰弹如果打在松鸡那肌肉紧实的翅膀上就会滑开，不行，这样就无法打伤这样强壮的鸟儿。还是瞄准脖子打吧。

砰！

猎人的眼睛被一阵烟雾挡住了，看不到任何东西。只听得松鸡沉重的身躯坠落时砸断根根树枝发出的咔嚓声。

“嘭”的一声，松鸡砸在雪地上。

真是一只体形肥硕的雄松鸡！它浑身乌黑，体重至少有十来斤。红艳艳的眉毛，像血染的一样。

祖国各地无线电大串联

呼叫！呼叫！

这里是列宁格勒《森林报》编辑部。

今天是 3 月 21 日，春分，现在我们要和全国各地举行一次无线电大串联。

东方！南方！西方！北方！大家请注意了！

冻土带！原始森林！草原！高山！海洋！沙漠！大家请注意了！

请汇报你们那儿现在的情形！

请回复！请回复！

北极回电

在我们北极，今天是一个喜庆的节日。经过了漫长的冬天后，太阳第一次在北极升起来了！

第一天，太阳只是在海面上露了个头儿。几分钟后，它就消失了。

两天后，太阳探出了半张脸。

又过了两天，太阳才升得高高的，终于从海里钻了出来。

我们这里现在终于可以见着白天了。虽然只能拥有一个从早上到晚上不过一小时的短暂白天，但是没关系，白天会一天比一天长的：明天比今天长，后天则会比明天更长。

现在，厚厚的冰雪仍然覆盖着我们这里的水域和陆地。北极熊仍然沉睡在自己的冰窟窿里。一丁点儿绿色都没有，也看不到飞鸟，只存在寒冷和暴风雪。

中亚细亚回电

我们已经完成马铃薯的播种工作了，下一阶段将要开始播种棉花。此刻，阳光在我们这里显得异常毒辣，街头都被晒得尘土飞扬。花儿正盛开在桃树、梨树和苹果树上，而扁桃、干杏、白头翁和风信子的花儿则早已干枯。我们已经开始种植防护林带了。

乌鸦、秃鼻乌鸦和云雀在我们这里度过冬天后，现在已经开始向北回迁。而到我们这里来避暑的家燕、白肚皮的雨燕也已经飞过来了。树洞里，土穴中，红色大野鸭孵出了小鸭子，它们纷纷摇摆着走出了窝巢，开始在水里嬉戏、漫游。

远东回电

现在，我们这里的狗已经结束了冬眠。

不，不，你们听得一点都没错。刚才我说的就是狗，并不是熊，也不是土拨鼠，更不是獾（huān）。

你们认为所有地方的狗都不会冬眠吧？但是我们这里的狗却会冬眠，它们已经睡了整整一个冬天了。

有一种非常特别的野狗就生活在我们这里。它们有着比狐狸小的体形，四条腿短短的，有一身浓密棕黄的长毛。双耳被这些四处披散的长毛遮蔽得无影无踪。它们在冬天会像獾一样躲到洞里去沉睡。如今，已经睡醒的它们开始四处捕捉老鼠和鱼了。

这种长得像美洲浣熊一样的大狗，学名叫作貉子。

我们这里南方沿海生长着一种比目鱼，这种鱼身子扁扁的，人们正在广泛捕捞它们；而幼虎在茂密的乌苏里边区原始森林出生了，现在已经睁开了眼睛。

我们每天都在期盼着从海洋洄游到这里的鱼类，它们回到这里是为了产卵。

西乌克兰回电

我们这里正在进行小麦播种的工作。

这里已经出现了从非洲南部飞回来的白鹳（guàn）。如果它们能在我们的屋顶上安家，这会让我们非常高兴。我们将沉重的旧车轮搬到屋顶，好让它们在上面搭建窝巢。

现在，白鹳们衔来了很多粗细长短不同的树枝，它们开始在车轮上铺设树枝，做窝了。

我们这里的养蜂人现在非常焦急。因为外表文雅、毛色华贵的蜂虎已经飞回来了，这种金黄色的小鸟很喜欢吃蜜蜂。

请回复！请回复！

苔原亚马尔半岛回电

我们这里还是真正的冬天，无法嗅到一丝春天的气息。

一群驯鹿正在仔细地用鹿蹄刨开积雪，敲碎冰块，它们来自北极，正在寻找苔藓填饱肚皮。

过不了多久，乌鸦就会飞回我们这儿来！我们会在每年的4月7日欢庆“渥恩嘉·雅烈”节，也就是乌鸦节。乌鸦在哪一天飞回我们这儿，哪一天就是我们这里春天的开端。我们这里没有秃鼻乌鸦，因此不能像你们列宁格勒一样，将秃鼻乌鸦到来的那天当作春天的开始。

新西伯利亚原始森林回电

现在，我们这里的情形跟你们列宁格勒很相似。我们所在的位置处在原始森林带上，这种针叶林和混合林组成的林带现在正覆盖着我们国家绝大多数地区。

秃鼻乌鸦只有在夏天才会在我们这里出现，而寒鸦飞回我们这里的日子是我们这里春天的开端。寒鸦是第一批飞回我们这里的鸟儿，虽然它们并不在我们这儿过冬。

我们这儿的春天很暖和，但是很短，一晃就过去了。

外贝加尔草原回电

粗脖子的羚羊开始成群地离开这里，它们即将向南方出发，迁往蒙古。

对这群羚羊来说，一开始的几个融雪天简直是它们的灾难。积雪在白天融化成了水，而这些水在夜里又被严寒重新冻成了冰。于是平坦广阔的草原就变成了一个大溜冰场。羚羊光滑的蹄子踩在镜子一样的冰面上，四蹄就会一下子分开，撑不住身体摔个四脚朝天。

但是，羚羊就是靠着它们那跑起来像风一样快的四条腿才无数次保住了自己的一条命。

现在，在这个寒冷的春天里，不知有多少羚羊的性命会断送在恶狼和其他猛兽的口中呢。

高加索山区回电

春天在我们这里先从低地发动进攻，然后从下到上，一步步往高处挺进，逐渐赶走冬天。

大雪还在高山上飘扬纷飞，春雨却已经降临在低处的山谷。春潮奔涌，山下发起了第一次春汛。河水突然猛涨，淹没了河岸。一路上，浑浊而湍急的河水带走了一切能带走的东西，然后席卷着杂物，咆哮着奔向大海。

各种鲜花则在位于山下的谷地里怒放，它们伸展开了繁盛的枝叶。而南面山坡上的一抹新绿则在暖和明媚的阳光照耀下不断地从下向上延伸。

飞鸟、啮（niè）齿类动物和食草类动物都跟随着不断扩展势力范围的绿色向山上挺进。而野狼、狐狸和森林里的野猫以及让人恐惧的雪豹也都陆续跟踪着狍子、兔子、鹿、野绵羊和野山羊，一起向山上跑去。

寒冬退守山顶，春天尾随而至，所有的生物也追随着春天不断向山上前进。

请回复！请回复！

正前方洋面上向我们漂过来的是冰块和整块冰原，一群浅灰色的海兽躺在冰面上，两肋是黑色的，这是格陵兰雌海豹，这寒冷的冰面就是它们的产房。小海豹浑身毛茸茸的，洁白如雪，鼻子和眼睛是全身唯一黑色的地方。

刚出生的小海豹要过很长时间才能下水游泳，而在这之前，它们只能躺在冰面上。

年迈的格陵兰雄海豹也爬上冰面，它们有着黑黑的脸孔和腰肢。它们爬上冰面是为了褪下那一身短而硬的浅黄色粗毛。为了褪净毛，它们也得躺在冰面上漂流一段时间。

此时，驾驶着飞机的侦察员在北冰洋上空飞来飞去。他们正在侦察携带着小海豹的母海豹在哪块冰原上，还有换毛的雄海豹在哪块冰原上。

侦察完毕后，返航的侦察员要将情况报告给船长：大群的海豹分布在什么地方，那里的海豹密集得将身下的冰原都盖住了。

过不了多久，猎人就会乘坐着一种专用轮船在冰原之中左冲右突，不断向那里进发，去猎捕海豹。

黑海回电

我们这里根本就没有土生土长的海豹，平常更是很少有人能够看到海豹。我们看到的海豹都是从地中海经过博斯普鲁斯海峡偶然路过我们这里的，它们偶尔会将长达 3 米的黑色长脊背露出水面，又迅速地沉下去看不见了。

但是，其他许多动物分布在这里，比如活泼可爱的海豚。巴统城地区此时正是捕猎海豚的大好时机。

坐满猎人的小汽艇驶出海港。大群海豚所在地的上空经常聚集着来自四面八方的海鸥，因为海鸥喜欢捕捉一种小鱼，后者的聚集自然会吸引大群的海鸥，而海豚也会大驾光临。

喜爱嬉戏的海豚会像在草地上翻滚的马一样在海面上来回翻腾，也会一只接一只地跃出水面，在空中翻跟头。现在可不能靠近射击，那样会吓跑它们的。要想捕猎海豚，就要到它们“聚餐”的地方。海豚只顾大口吞食小鱼，连小艇开到离自己 10 ～ 15 米的地方了也没有察觉到，这时候就要赶紧出手击中猎物，然后猎人要迅速将猎物拖到艇上来，否则被射杀的海豚会快速沉到海底去。

里海回电

里海也有海豹群，因为里海北部有冰层，这是海豹筑巢的地方。

这里小白海豹已经长大了。先是深灰色，再是蓝灰色，它们已经成功地换了毛。为了给孩子们喂奶，海豹妈妈从圆冰穴里钻出来。海豹妈妈出现的次数越来越少，这是它们最后几次给孩子

喂奶吃了。

海豹妈妈也开始换毛。它们得先游到别的冰块上去，那里躺着大群的公海豹。母海豹和公海豹躺在一起换毛，它们身下的冰会不断崩裂、消融，最终它们不得不爬到岸边的沙洲和沙滩上去完成换毛。

里海鲱（fēi）鱼、鲟（xún）鱼、白鲟鱼等洄游鱼类以及其他各种鱼类也纷纷从四面八方的海洋里赶过来，它们聚集在一起，成群结队地朝着伏尔加河和乌拉尔河河口赶去，等待着上游解冻。

河流解冻的日子就是它们忙活的时候。洄游鱼群三五成群地拥挤着顺着河道逆流而上，它们即将到自己出生的地方去繁衍下一代。这些地方在这两条河流的上游，是它们分布在北方的大小支流。

渔民在伏尔加河、卡马河、奥卡河和乌拉尔河及其支流的上下游都布下了层层渔网，来捕捉这些归心似箭的鱼儿。

波罗的海回电

波罗的海的渔民已准备妥当，小鳁（wēn）鱼、小鲱鱼和鳘（mǐn）鱼将是他们的猎捕目标，而鲑（guī）鱼、胡瓜鱼和白鱼在芬兰湾和里加湾的冰融化后，成为渔民的捕捞目标。

轮船纷纷离开波罗的海解冻的渔港，相继开始远行。

我们这里成了世界各地船只的停靠地。冬天很快就要远去，波罗的海正迎来黄金时代。

请回复！请回复！

中亚细亚沙漠回电

我们这里的春天也非常美妙。天不太热，春雨下个不停。遍地绿草，连沙地上都泛出了绿意。真不清楚这么多草是从哪里冒出来的。

灌木丛已经缀满了绿叶。经过冬眠的各种动物也陆续从地下爬出来。屎壳郎和象鼻虫也飞了出来，灌木丛上挤满了亮闪闪的吉丁虫。深深的地洞穴里先后爬出了蜥蜴、蛇、乌龟、土拨鼠和跳鼠。

从山上飞来了大群来捕食乌龟的兀鹰。它们的利嘴又弯又长，可以很轻松地啄出龟壳里的肉。

春天的客人飞回来了，有灵巧优雅的沙漠莺，也有善于舞蹈的鹟，还有各种云雀，比如鞑靼（Dá dá）大云雀、亚细亚小云雀、黑云雀、白翅云雀、凤头云雀。它们的歌声在空气里回荡不绝。

沙漠在光明温暖的春天里已经不再沉寂。现在，不知有多少充满生机的生灵在沙漠里活跃着呢！

这次的全国无线电大串联就到这里，我们下次再见！

下次通报将在 6 月 22 日举行。

4月21日～5月20日
太阳进入金牛宫

No.2

候鸟回乡月

（春季第二月）

一年：太阳在12个月内谱写的乐章

4月——积雪融化。4月还没睡醒，春风就已到来了，四处预告“暖和的天气即将到来”的消息。等着瞧吧，还会有新的好事儿发生！

本月里，春水从山上流下，鱼儿跳出水面。大地被春天从积雪下解救出来，而春天正进行着第二项工作，解救冰下的水，让它冲破限制，获得自由。融化的雪水汇成了小溪，涌向大河。河水涨了起来，冲破冰的重围，奔涌到谷底，在山谷中泛滥。

土地饮足春水和暖雨，换上了绿衣，上面还点缀着许多斑斓的娇艳春花。森林依然没有绿意，安静地站在那儿等待着春天的恩赐。不过，树干里正悄悄流动着树汁，嫩芽争先恐后地出现在枝条上，低头抬眼间花朵也开满了天空和地面。

候鸟的返乡之旅

鸟儿像奔流不息的海浪一样从过冬的地方起飞，排着整齐的队伍飞回家乡。

和几千年、几万年、几十万年以前一样，候鸟飞回我们故乡选择的路线和队列的排列方式一直都没有变。

去年秋天，最后离开我们的鸟儿率先动身，而上一年首先离开我们的鸟儿则在最后才起飞。毛色艳丽的鸟儿总是最晚到的，它们要等到春天的新草和树叶长出来以后才会回来。因为早归的

它们在光秃秃的大地和树木上特别显眼，现在在我们这里还很难找到能够遮蔽自己、躲避猛禽猛兽等天敌的东西。

“波罗的海航线”恰好从我们城市和列宁格勒州上空经过，这是一条鸟儿从海上飞过的路线。

波罗的海航线漫长无比，一端在阴沉的北冰洋，而另一端则在繁花似锦、阳光明媚的热带。成千上万的海鸟和海滨上的鸟儿排列着各自不同的队形，在空中飞行。为了抵达这里，它们飞过了一个个岛屿和海洋，先后经过了非洲海岸、地中海、比利牛斯半岛、比斯开湾，还有一个个海峡、北海和波罗的海。

返乡之旅中，鸟儿们经历了无数磨难。不仅仅有厚墙似的浓雾遮挡在前面，这些带翅膀的旅客还会遭遇昏暗的湿气。迷失方向的它们在其中左冲右突，很难避免一头撞到难以预测的尖崖峭壁上，尸骨无存。

鸟儿们的羽毛和翅膀会被海上的风暴折断，狂风将它们吹得离海岸远远的。海水在寒流的作用下结了冰，许多饥寒交迫的鸟儿便在中途丧生了。

成千上万的鸟儿成了雕、鹰、鹞等猛禽的腹中餐。每年这时候，这些贪婪的猛禽就会聚集在候鸟返乡的航线上，守株待兔似的等着享受美餐。

更多的候鸟死在了猎人的枪口下（我们会在这期《森林报》上报道一篇猎人们在列宁格勒近郊捕猎野鸭的故事）。

但是，没有什么能够阻止这群数量众多的流浪者的脚步。它们穿过层层迷雾，克服了艰难险阻，终于回到了家乡。

我们这里的候鸟也不是全在非洲越冬，更不是全沿着波罗的海航线飞行。到印度过冬的候鸟也会飞到我们这里，甚至还有在美洲过冬的蹼瓣鹬。它们要穿过整个亚洲，才能到达我们这儿。从过冬地到阿尔汉格尔斯克郊外的巢穴，这些鸟儿差不多得花两个多月的时间，飞行1500千米，才能结束旅程。

佩戴脚环的鸟儿

若你猎杀了一只戴脚环的鸟儿，请取下脚环，给我们写一封信，详细地写上你猎杀这只鸟的地点和时间，然后将信和脚环寄到莫斯科K-9，赫尔岑大街6号——鸟类脚环中心管理处。

若你活捉了一只戴脚环的鸟，请记下脚环上刻着的字母和编号，把鸟放生，然后再写一封信寄给上述地址的机构，报告你的发现。

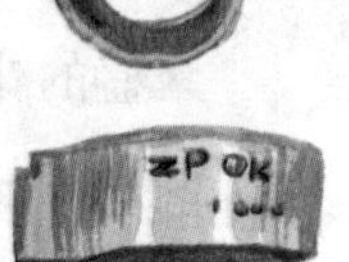

如果你没有打死或者猎获这种鸟，而是你的熟人或其他捕鸟人，那么请告诉他该怎样做。

鸟脚上的这种分量很轻的铝环，是科学家专门给它们戴上的。环上所刻的字母代表给鸟戴环的国家、机构。而数字则显示了戴环的时间和地点，科学家的记事本里也记录着这些编号。

科学家正是通过这种方法来了解鸟类生活的巨大秘密的。

比如在我们苏联遥远的北方某地，科学家也为鸟类戴脚环。然后这些鸟可能恰好会被非洲南部或印度人捕获，他们会将脚环从当地寄过来。

而且，我们这里的候鸟并不全是去南方过冬的，它们也会飞向西方、东方和北方。我们正是通过这种戴脚环的方式来了解鸟儿生活的秘密的。

林中逸闻

积雪下的浆果

林中沼泽里的积雪融化了，蔓越橘显露了出来。乡下的小孩经常去采摘，都说越冬的浆果比新长出来的甜得多。

欢度佳节的昆虫

繁盛的花儿开满了整棵柳树，一个个闪亮小巧的黄色小球缀满了柳树的枝条，小球将柳树疙疙瘩瘩的灰绿色多节疤的枝条掩盖得无影无踪。整棵柳树都变得毛茸茸、轻飘飘的，充满喜气。

漂亮的柳树丛穿着节日盛装，上面缀满了花儿，这可是昆虫的节日哩，它们围在树丛的周围，热闹而喜庆。不断发出嗡嗡声的丸花蜂飞来飞去，呆头呆脑的苍蝇闯来撞去，勤劳的蜜蜂为了采集花粉，不停地在雄蕊上忙来忙去。

蝴蝶左右飞舞。看，这只黄蝴蝶有一双雕花翅膀；那只荨麻蛱蝶翅膀上像有一对棕红色的大眼睛似的。

呀！毛茸茸的小黄球上落了一只长吻蛱蝶，它那带有黑色斑点的翅膀把小黄球遮挡得严严实实。长长的吻管深深地插进雄蕊间，开始吮吸花蜜。

紧挨着这棵弥漫着佳节喜气的柳树的是另一丛开着花的柳树。但是它的花儿完全是另一种模样，都是些乱蓬蓬的灰绿色小绒球，异常难看。昆虫也聚集在这些小毛球上，但是这丛树全然没有旁边那丛柳树生机盎然的景象。其实，也只有这棵柳树才会结出种子。原来，那些黏糊糊的花粉已经被昆虫从黄色小球上传到了灰绿色小球上，过不了多久，灰绿色小球内部的瓶状雌蕊里都会长出种子。

尼·巴甫洛娃

睡醒的还有谁

蝙蝠睡醒了，扁平的步行虫、圆滚滚的黑色屎壳郎和叩头虫等各种甲虫也都从冬眠中醒过来了。叩头虫正在表演令人眼花缭乱的杂耍：只要把它仰面平放在地上，它的头就会向下一磕，“啪”一声弹起来，在空中翻个筋斗，稳稳当当地六脚着地。

蒲公英正在盛开，马上就要吐出新芽的白桦树也裹上了绿纱。

刚下过第一场春雨，粉红色的蚯蚓和羊肚菌、编笠茸等蘑菇都从泥土里探出了头。

水 塘 中

水塘也睡醒了。结束冬眠的青蛙离开了淤泥中的水藻床榻，开始产卵，然后奋力跳到岸上去。

蝾螈（róng yuán）则正好相反。此时，它刚从岸上爬回到水中。列宁格勒地区的人们将蝾螈称为“哈里同”。橙黑色的身体长着一条大尾巴，和青蛙比起来更像蜥蜴。蝾螈在冬天爬出水塘，然后藏到森林中潮湿的苔藓下开始冬眠。

苏醒过来的癞蛤蟆也开始产卵。青蛙卵像小泡泡似的，凝成黏胶状团团，在水中漂浮着，每个小泡泡里都有个黑圆点儿；而癞蛤蟆的卵连成串儿黏附在水草上，像条细带子。

它们是不是春花

现在，很多植物都开花了，诸如三色堇、芥菜、遏（è）蓝菜、红蓼（liǎo）和洋甘菊等。

你可不要以为这些草跟在春天开放的花儿一样，都是从土里钻出来的。春花会先从泥土里探出一条短短的绿色小腿儿，然后再使尽全身力气将小身子探出来。这时，它的花儿才会露面。

而三色堇、芥菜、遏蓝菜、红蓼和洋甘菊等植物却不会躲到某个地方去过冬，它们会在寒冬就长出数不清的蓓蕾。一旦头上的雪帽消融，再次见到蓝天，苏醒过来的花朵和蓓蕾就会爆发出勃勃的生机。

上一年秋末，我们就看到了这些挂在草梗上的蓓蕾，此刻，它们已经绚烂地开放了，正站在草丛中望着我们呢。

你觉得，它们能不能被当作春天开花的植物呢？

尼·巴甫洛娃

飞禽传信

春潮泛滥

春天，很多森林居民都遭了灾。迅速融化的积雪使暴涨的河水漫过了堤岸，某些地方甚至泛滥成灾。

我们接到各地很多关于动物受灾的消息。兔子、鼹鼠、野鼠、田鼠及其他居住在田中和地下的小动物遭了殃，它们的家园被灌入冰水，只好逃离窝巢。

每种动物都使出浑身解数来拯救自己。

个头儿矮小的鼩鼱匆忙从洞穴中逃离，爬上了灌木丛，静等洪水消退，饿得前胸贴肚皮的它真是可怜。

地下的鼹鼠在洪水漫上河岸时差点儿被淹死，幸好它及时从地下洞穴里爬了出来。为了寻找干燥的地方，钻出水面的它开始四处游动。

鼹鼠是个游泳的行家，它能在水里游上好几十米呢。在水里游动时，它那乌黑发亮的皮毛居然没被猛禽发现，这使它非常得意。

上岸后，鼹鼠再次顺利地钻进了地下。

遭殃的兔子

兔子遇到大麻烦了。

兔子本来住在一条大河中的小岛上。晚上它出来啃食小白杨树的树皮；白天为了避免被狐狸和人类看见，它就躲在灌木丛中。

这只兔子显然过于年轻而且不够机灵。它根本就没有注意到周围的河水正在哗啦啦地把冰块冲到岛上。

这天，兔子正安安稳稳地藏在灌木丛中睡懒觉呢。阳光明媚，晒得它暖乎乎的，完全没注意到迅速上涨的河水。直到河水浸湿了它的毛皮，它才睁开眼睛醒过来。它猛地跳了起来，但四周已经是一片汪洋了。

发大水了！幸好现在水只漫到了爪子，兔子匆忙蹿到还是干地的岛心。

但是河水涨得很快，小岛也越来越小。兔子左躲右蹿，小岛马上就要被水淹没了。可是它又不敢往冰冷湍急的河里跳，这样波涛汹涌的河流，怎么可能游过去呢？

一天一夜就在兔子干等苦熬中过去了。

第二天一早，岛上只有一小块干地了，那里有一棵树干粗壮弯曲的树。吓得丢了魂的兔子绕着树干直转圈。

第三天，洪水涨到了树下，兔子只好往树上跳。但是每次都掉了下来，跌进了水里。终于，兔子总算跳上了树干最低处的一根树枝。趴在树枝上的兔子静等着洪水的消退，这时，洪水也停止了上涨。

兔子并不担心自己会饿肚皮，老树皮仍然可以填饱肚子，虽然它又硬又苦。但是它最害怕的是刮来的阵阵大风。风左右摇晃着树干，兔子有很多次都差点掉下来。此时，它就像是趴在桅杆

上的水手，而船上的横桁就是身下不断摇晃的树枝，又冷又深的洪水在下面奔流着。

整棵的大树、长长的枝条、草秸和动物的尸体，不断地从宽广的水面上漂过。

一只淹死的兔子出现在水面上，进入这只可怜兔子的视野。看到同类在奔涌的波涛中从自己的身边流过，兔子打起了哆嗦。

树枝缠住了那只死兔的脚爪，如今它只能肚皮朝天，伸着四腿顺着河流向前漂。

在树上苦等了三天后，水终于退了回去，兔子再次回到了陆地上。

不过现在它仍然得待在河中的小岛上，等到河水在炎热的夏天变浅的时候，它就能到岸上去了。

鸟儿也受灾了

一般情况下，鸟儿是不害怕发洪水的，但是它们仍然因为春汛而受了灾。

淡黄色的鹀鸟将窝建在了水沟的旁边，而且已生下了蛋。突然到来的大水带走了窝和蛋，它只能另外选个地方重新建窝了。

待在树上的沙锥也在焦急地等待洪水退去。沙锥是在森林湿地中生活的鹬类。靠着尖长的喙，它能在松软的泥土里寻找食物。它有一双很适合在泥地上行走的腿，如果让它站在树干上，那就会像让狗在木桩围墙上行走一样费劲。

但是它还必须待在树上，盼着在软软的湿地上行走的日子早些到来，盼着用长嘴在地上挖洞的日子早些到来。可不能离开自己的家！所有的湿地都被其他沙锥给占住了，它们是不会让自己栖息的。

残留的冰块

小河上曾经有条冰道横贯河面，这是农场人家乘雪橇过河的路。春天到了，河里的冰向上鼓突着，不断开裂。冰道就随之碎成一块块冰块，顺着河水向下游漂流。

这块冰很脏，马粪、雪橇印迹和马蹄印布满了冰面，还有一只马掌上的钉子也被遗弃在冰块中央。

初时，冰块顺河向前漂。为了捕捉苍蝇，白色的鹡鸰不断从两岸飞来，落在冰块上。

稍后，淹没河岸的河水将冰块冲到了草地上。被水淹没的草地上四处游荡着鱼儿，时不时地还会从冰块下游过。

一天，一只没有眼睛的黑色小兽从冰块旁边钻了出来，爬到了冰面上，这是只鼹鼠。它待在被河水淹了的草地下面闷得厉害，便游到水面上换口气。一块干燥的小土丘挡住了冰块的一角，鼹鼠趁机跳上小丘，麻利地向地下钻去。

越漂越远的冰块最终漂进了森林，一个树桩迎面撞来，卡住了它。一群饱受洪灾欺凌的陆生小动物立即聚集在冰块上。它们是鼹鼠和兔子。大家都遭了灾，死亡随时会降临，寒冷恐惧的小动物们打着哆嗦紧紧挤在一起。

洪水很快就消退了，冰块也迅速消融在阳光下，只有那只马掌钉还留在地上，小动物都跳上陆地，四散跑开了。

林间大战

我们派出了几位记者，去采访森林里经常争斗的几个不同树种，希望能够记录战场实况。

长着白胡子的百年云杉王国是我们记者想到的第一个采访地。在这里，每个云杉战士都有两根甚至三根电线杆接到一起那么高。

云杉王国阴森森的，苍老的云杉战士个个站得笔直，绷着脸，保持着沉默。它们身体从树根到树冠都是光溜溜的，偶尔才会发现一些枯死弯曲的枝条。

云杉毛蓬蓬的针叶在高空中像紧拉着的手一样缠绕在一起，黑压压的连接成一片，像个绿色的帐篷一样将整个王国遮得密不透风，连阳光也无法穿透。帐篷下面憋闷黑暗，到处弥漫着阴湿腐败的味道。有时会有一些小小的绿色植物在这里安家落户，但是它们很快就无法生存下去了。对这种阴湿腐败的生存环境表示满意的只有那些灰色的苔藓和地衣，它们贪婪地盘踞在这些在战争中丧生的巨卒的尸体上，吮吸着它们的血液——树液。

在这里，记者没有看到任何野兽，也没有听到鸟类的鸣叫声。只看到了一只孤单的、进来躲避阳光的猫头鹰。这只被记者惊醒了的猫头鹰竖起了全身的羽毛，抖动着胡子，角质的嘴里发出了一串低沉恐怖的咕咕声。

无风的时候，云杉王国一片死寂，而起风时，风从云杉王国的上空快速经过，直直挺立着身躯的巨人晃动着毛蓬蓬的树枝，凶狠地发出呼呼怒吼。

云杉族群拥有整个森林中最高的士兵、最强大的实力和最多的兵力。

离开了云杉王国后，记者又拜访了白桦和白杨王国。

白桦有着白树皮和绿头发，而白杨也有着银白色的皮肤。看到记者，它们发出哗哗的声音欢迎来客。长满绿叶的树枝间有许多鸟儿在歌唱，树梢的绿叶中星星点点地洒下了阳光，将空气照射得五彩斑斓。处处都闪烁着斑驳的阳光，像金蛇一样。阳光有时像星光点点，有时又像月牙弯弯，在笔直光滑的树干上摇来晃去。低矮的草族成员挤满了地面，很明显，这些待在主人绿色帐篷下的草儿十分满意，就像在自己家里一样自在。记者的脚下不断穿梭着老鼠、刺猬和野兔。一阵风吹过，树梢发出了一阵快乐的哗哗声。没有风的时候，这里也十分热闹。白杨无论白天还是黑夜，都在摇动着叶子，不断发出沙沙声，各种动物都在高声欢笑。

王国的边上是条河，在河的另一边，原本也是森林。冬季采伐将它们砍伐殆尽，变成了一片采伐迹地。而荒野的另一边又是一片繁盛密集、身材高大的云杉，它们就像是一堵高墙挡在了前方。

编辑部清楚地知道，森林中的积雪融化后，这片采伐迹地很快就会彻底变成战场。空间有限，各种树木肯定会争着占领这块新近腾出的空地。

过河后，记者就在采伐迹地上搭起了帐篷，想亲自观看一下这次战争到底是怎样爆发的。

在一个阳光明媚的早晨，噼噼啪啪的声响从远处传来，就像两军对垒时的机枪对射一样，我们的记者赶紧跑过去瞧个明白。

原来是云杉发动了攻击，派出了本国的空军去抢占那片新形

成的采伐迹地。

硕大的云杉果球被阳光烤得焦热，啪啪啪的响声不断响起，果球陆续裂开了。伴随着每次开裂，不断爆发着子弹发射似的声音。果球外紧包着的鳞甲也裂开了，躲在秘密军事掩体里的微型滑翔机——种子飞了出来。风在半空中托举着的种子不断旋转着，不时下落和升高。

一棵云杉树上有好几百个球果，每个球果里都隐藏着 100 多架微型滑翔机——种子。在空中飞行的大部分种子最终会落到采伐迹地上。

不过，只有一只翅膀的云杉种子显然并不轻，因而小风是无法将它们送得太远的。还没飞多远，它们就坠落到地面上了，还没有占领采伐迹地的一半。但是，强风几天后就过来了，云杉种子趁势占据了整片采伐迹地。

但是，这还不是胜利，接连几个清冷的早晨，娇嫩幼小的种子差点儿被冻死了。幸好一场温暖的春雨使土地变得松软了，这批小移民才最终被这片土地接纳了。

对岸的白杨在云杉王国占据空地的时候也开了花，种子被包在柔荑花序中，毛茸茸的，刚成熟。

夏天在一个月后到来了。

准备过节的云杉王国，一反平常阴沉沉的气氛，显得格外喜庆。它们在自己树枝上挂满了充当红蜡烛的新生球果，盛装出场了：黄色的柔荑花序点缀在墨绿色针叶间。开花的云杉正在悄悄地准备着下一年的种子。

它们在采伐迹地播下的那些种子受到了温暖春水的滋润后，开始膨胀，马上就要拱破地面，见到太阳了。

此时，白桦树还没有开花呢。

记者们认为，其他树种已经失去了机遇，现在新大陆已经被云杉占领了。

他们十分肯定地认为，战争已经结束了。

编辑部希望记者们在下一期《森林报》发来更详细的报道。

农场纪事

积雪刚融化，农场的人们就驾驶着拖拉机进了田。耕地和耙地都要用拖拉机。将钢爪子装到拖拉机上，它还能清理树墩，开辟新耕地。

一群黑中透蓝的秃鼻乌鸦飞过来，大模大样地跟在拖拉机后面。秃鼻乌鸦双脚前后交替，踱着方步，灰色的乌鸦和白色腰身的喜鹊则远远地跟在它们身后，不断地跳来蹦去，在翻起的泥土中翻找着美味点心：蚯蚓、甲虫和甲虫幼虫。

耕过的田地被耙平后，带着播种机的拖拉机在地里来回穿梭，播种机均匀地将选好的种子撒进了泥土里。

亚麻，是我们这里最先种下的作物，娇弱的小麦、燕麦和大麦等春播作物则被排到最后。

现在，黑麦和冬小麦等秋播作物已经长到好几十厘米高了。这些正在呼呼长个儿的作物是在去年秋天播种的，它们在秋天发芽，在雪下度过寒冬。

清早和傍晚，阵阵“切尔，维科！切尔，维科”的叫声从充满生机的灌木丛中传来，像是一辆看不见的大车经过时发出的吱呀声，又像是大蟋蟀在唧唧地叫。

但这不是大车，更不是蟋蟀，而是一种美丽的野鸡，它就是灰山鹑。

长着灰色羽毛的灰山鹑身上布满了白色花纹，长着橙黄色的颈部和双颊，它眉毛鲜红，脚爪则是黄色的。

此刻，山鹑太太正在灌木丛中忙着建造窝巢。

柔嫩的新草拱出来了，牧场添了一层新绿。天刚蒙蒙亮，牛、羊、马响亮的叫声已经惊醒了农场小木屋里的农家孩子，成群的牛和羊陆续被牧童们赶往牧场。

人们偶尔可以看到，寒鸦和秃鼻乌鸦蹲坐在马背和牛背上，这些个头小巧的双翅骑士还会时不时地用嘴啄着牛的脊背，发出笃笃声。牛原本可以像赶苍蝇一样用尾巴将它们赶走，可是它们却忍着没有这样做，原因是什么呢?

理由很简单，这些鸟儿对牛和马十分有利。牛虻和苍蝇经常会在牛马擦破和受伤的皮毛附近产卵，而秃鼻乌鸦和寒鸦正在啄食这些害人的幼虫。况且它们的身体那么轻，驮着它们丝毫不觉得辛苦。

丸毛蜂从冬眠中苏醒过来，胖乎乎、毛茸茸的它发出了嗡嗡的声音；亮晶晶的黄蜂挺着细细的腰肢，忙碌地飞来飞去。

蜜蜂们也该上场了。冬季放在蜂房和地窖里过冬的蜂箱被农场里的人们搬了出来，抬到了养蜂场中。蜂房里爬出了许多金色翅膀的小蜜蜂，它们在太阳下歇了一会儿，将身子晒暖以后，就伸了个懒腰，忙着飞去采集花蜜，开始酿造今年的第一批蜂蜜。

农场新闻

马铃薯欢度佳节

如果马铃薯能唱歌，你现在就能听到最快乐的歌曲。今天是马铃薯大喜的日子，它们马上就要搬到田里去了。瞧，人们仔细地将它们装进箱子里，搬上汽车拉走了。

为什么要那么仔细呢？还要装进箱子，为啥不放进麻袋里呢？

原因是嫩芽已经从马铃薯里长出来了，小心翼翼的，怕被碰坏啊。嫩芽粗短矮胖，毛茸茸的，真是漂亮！晒得黑黑壮壮的嫩芽芽根上，有很多即将生出根来的白色小鼓包。尖尖的芽顶上，叶子已经露了出来。

古怪的坑

学校的试验田里上年秋天就挖了许多不知做什么用的坑，粗心的青蛙经常会不小心跌进这些土坑，许多人都认为这些坑是为了捕捉青蛙而专设的陷阱。

现在，连青蛙都知道了，原来这些坑是用来种植果树的。

苹果树、梨树、樱桃树和李子树被孩子们分别种在了坑中。每个坑中间还立了根木桩，将小树苗固定在上面。

古怪的嫩芽

黑醋栗丛中长出来一些大大的、圆圆的古怪嫩芽，有几个甚至还张开了，外表很像很小的甘蓝叶球。将它们放到显微镜下后，我们吓得惊叫起来。一群恶心的小东西居然藏在里面，不断弹胡子、蹬腿的，它们都长着弯曲的长身子。

难怪嫩芽会胀得这么大，原来里面藏满了过冬的扁虱！它们可是对黑醋栗威胁最大的死敌，不但会将黑醋栗的芽毁掉，还会给黑醋栗树丛带来传染病，使黑醋栗树无法结果。

若树上胀鼓鼓的嫩芽不多，就要趁着扁虱还没爬出来，及时将嫩芽摘下烧掉。若这种胀芽太多，那就只好将整棵树都烧掉了。

城市要闻

植 树 周

积雪融化后，土地已经解冻了，城区和州里迎来了植树周。春天里这几个种树的日子成了喜庆的植树节。

孩子们挖的树坑布满了学校的试验田、城市里的花园和公园，他们植树的身影遍布房屋附近、道路旁边等各个地方。

涅瓦区少年自然科学爱好者活动站准备了上万枝果树插条。

滨海区的学校则收到了苗圃划拨给他们的两万棵云杉、白杨和枫树苗。

塔斯社列宁格勒讯

树种储蓄箱

田野广阔，要使田地免受风害，需要营造多少森林呀！营造防护林是国家头等大事，我们学校的孩子们都知道。因此，春天时，六年级一班的教室里就摆出了一只大木箱——树种储蓄箱。孩子们将自己采集到的树种放在小桶里带到学校，装进了大箱子。箱子里装满了枫树的种子、白桦树的柔荑花序和坚硬的棕色橡子。比如维佳，单是榛树种子他就采集了 20 来斤。储蓄箱在秋天就会被装得满满的，那时，我们就会上交政府，用来培育新苗圃的。

丽娜·波丽亚科娃

奇特的七鳃（sāi）鳗

在苏联境内，有一种奇特的鱼类分布在从列宁格勒到萨哈林岛的大江小溪中。又细又长的它粗看像条蛇，鳍长在背部靠近尾巴的部位，身体两侧没有鳍。游动的七鳃鳗身子会像蛇一样不断扭曲，它皮肤柔软而无鳞，嘴巴和普通的鱼有很大不同，是个漏斗一样的圆孔，是个吸盘。若有人见到这个吸盘，第一感觉就是它是条巨大的蚂蟥，绝对不是鱼。

这种鱼在乡下被农户人称为七鳃鳗，因为它身体两侧的眼睛下各长有七个呼吸孔。

七鳃鳗的幼虫很像泥鳅，生活在河底泥沙里。它们经常被孩子们捉住，用作钓食肉大鱼的鱼饵。

七鳃鳗经常用吸盘吸附在大鱼身上，随着对方在河水里漂流，大鱼始终都无法摆脱它。

渔民们还说，七鳃鳗有时也会吸附在水里的石块上。它吸附在石头上，拼命地扭动身子，就会将石头拉走，真是条大力鱼呀！将石头搬开后，七鳃鳗就会在水底的石坑里产卵。

这种蚂蟥样的奇特鱼类还有个名字，叫吸石鳗。

虽然模样并不讨人喜欢。但是若能用油煎煎，再放点醋，这种鱼的味道还是很不错的。

蝙蝠们每天晚上都会在城郊来回飞翔，它们自顾自地在空中捕捉苍蝇和蚊子，很少理睬街上的行人。

燕子出现了。有三种燕子栖息在我们这里，尾巴像剪刀的家燕便是其一。它喉咙处有块红斑。还有一种是短尾白颈的毛脚燕。最后一种是白胸脯的灰沙燕。

城郊的木质建筑物上隐藏着家燕的窝，石头房子上则粘着毛脚燕的窝，而崖壁上的石洞里，灰沙燕正在孵卵。

雨燕在三种燕子飞来很久之后才出现。将雨燕和其他燕子区分开很简单。雨燕从屋顶上掠过，经常会发出刺耳的尖叫声，它们的外表看起来几乎是全黑的，双翅是半圆镰刀状的，和家燕尖角状的翅膀也不太一样。

蚊子也出来叮人了。

狩　猎

去马尔基佐瓦湖猎野鸭

在马尔基佐瓦湖里

春天里，集市上出售各种不同种类的野鸭，马尔基佐瓦湖里的野鸭才真的叫丰富。

涅瓦河口与喀琅施塔德要塞所在的科特林岛中有片水域，属于芬兰湾的一部分，自古以来就被称为马尔基佐瓦湖。这里是列宁格勒猎人的狩猎天堂。

到斯摩棱河岸上走走吧。你会在斯摩棱公墓旁看到一种颜色和河水相同的小船。小船的外表奇特无比，它有一个很平的船底，两头翘得很高，小小的船身，却异常宽阔。

这就是狩猎时用的小划子。

黄昏，或许你会恰好遇到个猎人。他将火枪和其他杂物放进小划子后，就将小船推入河中，然后摇着船尾的舵顺着河水向下游划去。

20 分钟以后，他就会抵达马尔基佐瓦湖。

涅瓦河虽然早已解冻，但许多巨大的冰块仍然漂浮在海湾里。穿过灰色波浪的小划子迅速向冰块靠去。

接近冰块后，他将船靠上去，自己则跳上了冰块。他把白长袍披在毛皮外套外，将一只用来诱引别的野鸭的母野鸭从小划子里掂了出来。他把母野鸭拴好放入水中，把绳子的另一头固定在冰块上。母野鸭立刻发出了一阵“嘎嘎”的叫声。

坐在小划子中的猎人迅速划离了冰块。

奸细母野鸭和白袍隐身人

没过多久，一只公野鸭就从远处的水里钻出来，听到母野鸭的呼唤声，它径直向对方飞去。还没有飞到母野鸭跟前，枪就“砰”的一声响了，然后又一枪，公鸭径自栽到了水里。

扮演诱饵的母野鸭很清楚自己的任务，它拼命地叫唤着，就像收了人家很多钱一样。周围的公野鸭听到母野鸭的叫唤声，相继飞了过来。

这群眼里只有母野鸭的公野鸭，根本就没有看到白色冰块旁还有白色小划子和白袍猎人。在猎人一枪又一枪的射击中，各种野鸭接连跌落到水中，猎人将它们捞到了小划子中。

一群群野鸭沿着长长的海上航线，继续着它们的长途旅行。太阳落山了，逐渐变暗的天空掩盖了城市的轮廓，一盏盏灯火在夜色中陆续亮了起来。

不能再在这样黑的夜色中开枪了。诱饵母野鸭被划子中的猎人提了回去。为了防止被浪冲走，小划子被铁锚紧紧固定在冰块

上，贴在冰块边缘。要想想怎样过夜了。

夜色中，风突然刮了起来。乌云布满了天空，天色深沉如漆，在黑暗的笼罩下，伸手不见五指。

翌　　日

一群人聚在安德烈耶夫市场上，惊奇地观望着猎人肩头搭着的两只雪白大鸟。它们的嘴几乎垂到了地上。

围着猎人的孩子们好奇地问着一个个问题：

“大叔，你从哪里打到它们的？咱们这里还有这种鸟啊？”

“它们正要飞往北方去做窝。”

“嚯！那它们的窝一定很大吧！”

家庭主妇则关心着另外的事情。

“你说，它们能吃吗？有鱼腥味儿吗？”

口中不断回话的猎人耳边又响起了天鹅号角一样的鸣叫声，还夹杂着野鸭快速扇动翅膀发出的哗哗声，当然，还有碎冰和划子碰撞时的清脆声响……

上面说的都是以前的旧事啦。

今年春天，天鹅仍会在春天时飞经列宁格勒的上空，天空中也仍会传来它们响亮的鸣叫声。但和以前相比，天鹅的数量已经少了很多。像这样巨大美丽的鸟儿谁都想捕捉，猎人们使尽诡计，打死了不计其数的天鹅。

现在，列宁格勒已经明令禁止捕捉天鹅了。谁胆敢违抗禁令，必定会受到惩罚。

不过，马尔基佐瓦湖里还栖息着很多野鸭，他们还是可以继续打的。

5月21日～6月20日
太阳进入双子宫

No.3

欢歌曼舞月

（春季第三月）

一年：太阳在12个月内谱写的乐章

5月——请欢歌曼舞吧！给森林换上崭新的绿衣是春天要完成的第三件工作。

看！欢歌曼舞月，这森林里最欢乐的月份即将拉开帷幕！

太阳获得了彻底胜利，它的光明击败了冬天的黑暗，它的温暖击垮了冬天的严寒。我们的白夜在晚霞与朝霞的会面中开始了。泥土养育了生命，甘霖滋润了生命，此刻，万物充满盎然的生机，奋力向上生长。换上绿衣的树木迸发出蓬勃的生命力，不计其数的昆虫振动着轻灵的双翅来回穿梭，在高空展示着曼妙的舞姿。傍晚，蚊雌鸟和蝙蝠等夜行侠敏捷地在夜色中翻飞，追捕着昆虫；白天，忙碌的家燕和雨燕在天空中不断穿行，不断盘旋的雕和鹰在森林上空巡视着，而扇动着翅膀的茶隼（sǔn）和云雀在田野上空盘旋着。

勤劳的蜜蜂，振着金色的翅膀从蜂巢里飞了出来。森林的上空回荡着歌声和嬉戏声，这是野外的琴鸡，水上的野鸭，树上的啄木鸟和被称为“天上的绵羊”的鹬在欢歌曼舞呀。引用诗人的一句话，“在俄罗斯的土地上，所有生灵喜气洋洋。森林中的肺草，从去年的枯枝败叶中探出头，闪着亮闪闪的蓝光”。

5月，常被称为“嚯”月，是什么原因呢？

5月有点热，又有点冷。白天，太阳暖暖的；夜晚，嚯！真冷啊！5月，有时需要大树避暑；有时又得为马儿铺好干草，自己也得睡火炕呢。

愉快的五月

谁不想表现一下自己的勇敢和强壮，炫耀一下力量和敏捷的身手？此刻，歌唱家和舞蹈家不知躲到哪里去了，森林中所有动物的爪牙都开始发痒，渴望痛快地打上一架。羽毛和兽毛在空中飘飞，动物在这春天的最后一个月里忙得不可开交。

夏天就要到来了，鸟儿们正在为造窝和养育雏鸟奔波费心。

乡下人说：“春天倒是很想像姑娘一样长期在俄罗斯安家，但布谷鸟和夜莺一开口，她就得投向夏天的怀抱。”

林中逸闻

森林乐团

本月，大展歌喉的夜莺会日夜唱个不停，从不停歇。

它究竟啥时会睡觉呢？孩子们实在搞不清。春天，忙活的鸟儿顾不上睡觉，唱着唱着就会打盹儿，醒过来再唱。它们睡觉的时间很短，只会在半夜和中午各睡一小时。

不只是鸟儿，森林中所有的生物都会在早上和傍晚演奏和歌唱。它们各有各的乐器，各有各的调子。有的独唱，有的拉琴，有的敲鼓，有的吹笛。嗡嗡、咕噜、哇哇、汪汪、嗨嗨、嗷嗷，充满森林；尖叫、哀叹、叫喊、咳嗽、低吟，回荡空中。

燕雀、夜莺和鸫鸟的歌声清脆婉转、纯净悠扬；甲虫和蚂蚱吱吱呀呀地拉着琴；啄木鸟咚咚地奋力打着鼓；黄莺和白眉鸫尖声尖气地卖力吹着长笛；狐狸和白山鹑哇哇直叫；牝鹿不停地咳嗽；狼在长嚎，猫头鹰在低哼；忙碌的丸花蜂和蜜蜂发出了阵阵嗡嗡声；青蛙变化着花样，一会呱呱叫，一会又咕咕叫。

不能唱的动物并没有不好意思，它们各自弹奏着自己拿手的乐器。

选出能发出响亮声音的干树枝后，啄木鸟就拿它当大鼓，自己结实灵活的尖嘴当鼓槌，笃笃敲了起来。

天牛把自己坚硬的脖子扭来转去，发出了一阵嘎吱嘎吱的响声，难道不像小提琴吗？

脚爪和翅膀都有钩的螽斯用爪子弹拨着翅膀，奏起了音乐。

红色麻鳽将长嘴伸进湖水里，把水吹得呼噜呼噜响，整个湖里都传遍了像公牛群低吼的声音。

独树一帜的沙锥竟然用尾巴唱起了歌。它挺胸飞向高空，径直俯冲了下来，展开的尾巴被风吹着，森林上空便响起了仿佛羊羔咩咩叫的声音。

这就是森林乐团。

旅　客

黄色的顶冰花在大树和灌木丛中摇曳着，它们零星分布在离地不远的高处，金星似的花儿闪耀着光芒。

明媚的阳光穿过光秃秃的树木、顺畅地直射到地面上，这正是顶冰花开放的时候。旁边的紫堇（jǐn）花，也随之怒放了。

这些早开的花儿让人的心情多么愉快啊！紫堇花那紫色的花朵形状雅致，和花儿的长柄紧紧相连，一束束盛开在花茎上，灰绿色的叶子有锯齿状的边缘，全身上下美得无法描述。

此时，地面上树荫浓密，花季已过的顶冰花和紫堇花若不赶快回家，恐怕性命就会受到威胁。家住地下的它们，只能算是地面上的匆匆过客。散播完种子后，它们很快就会消失，但是地下仍隐藏着它们像蒜头一样的鳞茎和圆形块茎，它们会在那里安全地度过夏、秋、冬三季。

若想在自家的花园里移栽这些花儿，就要趁它们晚开的花朵还没凋落，赶快把它们挖出来。务必仔细，它们淡白色的地下根茎，长得令人惊奇，可要小心，不要把它们挖断了呀！

旅客们的鳞茎和块茎在冻土地带隐藏得很深，若有保护层或者土壤温度比较暖的地方，其根茎就会离地面近一些。想要移植此花儿的朋友们，请记住这一点。

尼·巴甫洛娃

田野中的声音

为了除草，我和同学们一块儿来到了田中。走在路上时，我们保持着沉默。突然，一阵鹌鹑叫声从草丛里传过来，“不及布罗基（拟声词，发音与俄语‘去除草’相似）！不及布罗基！”

“我们这就是要去除草呀！”听到歌声的我们答道。“不及布罗基！不及布罗基！”它仍旧这样唱个不停。

经过水塘时，我们看到两只青蛙在水面上露出了头。它们耳后的鼓膜不断地起伏，不停地叫着。“朵拉（拟声词，发音与俄语‘傻瓜’相似）！朵拉！”一只这样叫。“萨玛咔咔哇（拟声词，发音与俄语‘你也不怎么样’相似）！萨玛咔咔哇！”另一只这

样回敬对方。

翅膀圆圆的田凫在我们刚走到田里时，就远远地跑过来欢迎我们，在我们头顶上不断地扑扇着双翅，一遍遍地问："乞夷维（拟声词，发音与俄语'你们是谁'相似）？乞夷维？""科拉斯诺亚尔卡村里的！"我们大声回答道。

驻森林记者　库洛奇金

鱼之歌

水底的声音被人录了下来，然后通过无线广播播放了出来。世人从没听过的声音顿时灌进了人们的耳膜，人们说话的声音很快就被淹没了。吱吱声低沉喑哑，吱嘎吱嘎的尖叫声刺耳高亢，低吟声，哼唱声，还有独特的咯咯声和震耳的嗒嗒声。黑海里的各种鱼类是这些声响的制造者。不同的鱼会有独特的声音，和其他鱼类绝不相同。

现在，有了巧妙的海底声音搜集设备——它们是极其灵敏的水下"耳朵"——我们坚信鱼儿绝不是哑巴，水下也不会是无声国度。这种发明有很大的现实意义，凭着水下测音器，我们能快速找到有捕捞价值的鱼类和它们聚集的地方，还可以摸清它们的洄游路线。这样，鱼群的位置就能快速确定了，出海捕鱼也就有了明确的目标。必要时，人类还能通过模仿鱼类的声音来诱捕它们。

最后到来的鸟群

春天即将结束时，最后一批在南方过冬的鸟群飞回了列宁格勒州。

果然和我们想的一样，这群姗姗来迟的鸟儿毛色鲜艳。

现在，鲜花开满了草地，绿衣重新披上了灌木丛和大树。枝叶浓密的它们成了鸟儿们躲避猛禽捕杀的庇护所。

一只来自埃及的翠鸟出现在彼得宫的一条小溪上。它的身体蓝中透绿，还夹杂着棕色。

几只黑翅膀的金色黄莺在树丛中不停地鸣叫着，它们来自非洲南部，叫声很像在吹笛子，又像是体弱的猫咪在呜呜叫。

野鹟和小川驹鸟出现在了潮湿的灌木丛中。小川驹鸟长着个蓝肚皮，野鹟的羽毛则斑驳多彩。金黄色的鹡鸰也开始出现在沼泽地里。

伯劳、流苏鹬和佛法僧鸟也飞回这里。伯劳们长着一条红红的尾巴，肚皮却是粉色的。流苏鹬长着五彩斑斓的羽毛，脖颈里的毛蓬松松的。佛法僧鸟的羽毛蓝中透绿。

哭 与 笑

除了流泪的白桦，森林里的其他树木都非常爱笑。

白桦树洁白的身躯被炽热的阳光灼烧着，体内的树汁越流越快，越来越多的树汁透过树皮上的小孔向外流淌。

白桦树汁被人们当成营养丰富又可口的饮料。于是人们便将树皮切开，把汁水收集进瓶子里。

但是，如果树汁流失过多，树木就会枯萎。树汁对树木来说，就像人体内的血液一样不可或缺。

松鼠吃肉

植物是松鼠在整个冬天的食物。坚果仁、秋天储存的蘑菇，都成了它的腹中餐。现在，吃肉的好日子总算到了。

各种鸟儿都已经在造好的窝里，产下了蛋，有些雏鸟甚至已经孵化出来了。

松鼠正盼着呢。在树枝和树洞里，找到鸟窝的松鼠就会叼走窝里的小鸟和鸟蛋，美美地享受一顿大餐。

和猛禽相比，这种可爱的啮齿动物捣毁鸟窝时也毫不逊色呢。

寻找浆果

阳光下的草莓成熟了，处处都可以见到这些熟透了的鲜红色浆果。多么香甜的浆果啊，只要吃上一口你就永远也忘不了。

沼泽地里，桑悬钩子已经成熟了。矮矮的树丛中，挂满了成熟的覆盆子，多得数也数不清。草莓每棵最多结五颗。吝啬的桑悬钩子每棵只结一颗。而且，还不是每棵桑悬钩子都会结果，有些只开花，不结果。

尼·巴甫洛娃

林间大战（续前）

各位还记得吗？我们的记者曾经写过一篇稿子，是关于那块采伐迹地的。他们在那里住了很长一段时间，天天等待着小云杉从空地中长出来，为空地换上绿衣。

几场暖雨后，很多碧绿的小苗出现在采伐迹地上。但是这都是些什么植物呢？

首先钻出地面的是蛮横霸道的野草，压根儿就不是小云杉！瞧，莎草和拂子茅迅速向上长着，非常密集。拼命从地下往上钻的小云杉还是晚了一步，野草们已经彻底占据了战场。

第一场白刃战开始了。

挺着像矛一样尖利的树梢，小云杉艰难地刺穿了头顶上覆盖着的野草大军。野草们也不肯让步，数量众多的它们拼命压向树苗。此刻，地上和地下，双方正在恶战。

纠缠成一团的野草和树苗根须像凶猛的鼹鼠一样在地下乱钻。为了抢夺水分和营养，双方的根紧紧缠在一起，你掐我，我勒你，杀得死去活来。很多小云杉都被铁丝一样的草根给活活地勒死了，它们到死也没钻出地面，柔韧而结实的草根将它们留在了地底。

即便是侥幸突破野草的围追堵截，小云杉照样有被闷死的危险。因为野草的茎正紧紧缠绕着这些逃出重重包围圈的幸运儿。

小云杉使尽浑身解数向上生长，用尖利的树梢刺穿野草们富有弹性的、紧密编织在一起的茎。而野草则用茎死死缠住小云杉，尽力阻挠它向上生长，不让它见到阳光。

最终侥幸冲破野草重重阻碍的小云杉很少很少。

采伐迹地上的恶战打响时，白桦在河对面刚刚开花。而白杨已经做好了出兵的准备，即将在对岸登陆。

白杨树的柔荑花序里飞出了数百个头顶白色绒毛的种子，像无数个乘着白色降落伞的独脚小伞兵。

小绒毛被兴奋的风抓在了手中，轻盈地在半空中盘旋着，转着圈儿，飞过了河，缓缓地降落到采伐迹地上，一直落到了云杉王国的国境旁。

第一场雨将这些像雪一样落在云杉和野草头上的独脚小伞兵冲了下去，它们被埋在了地下，消失得无影无踪。

日子一天天流过，战争仍然在采伐迹地上继续着。不过很明显，面对云杉，野草已经力不从心了。

拼命向上长个儿的野草很快就长不高了，但是云杉还在不断向上蹿。

此时，野草开始遭罪了。云杉的枝条黑黝黝的，上面缀满了密麻麻的针叶。现在，已经展开的枝条向野草头顶上压过来，野草们再也见不到一丝阳光了。被树荫遮盖的野草逐渐枯萎，最终软塌塌地瘫在了地上。

这时，白杨也从地下钻了出来。一丛丛、一束束挤在一起，看起来怯生生的，不住地打着哆嗦。

迟到的它们已经没有实力和云杉一决高下了。

浓密厚重的云杉枝条和树叶向白杨的头顶压去，一片昏暗，树荫下的白杨弯着身子逐渐枯萎了下去。喜光的白杨在缺少阳光的地方根本无法生存。

云杉马上就要获胜了。

此时，又有一群新的敌军空降到了采伐迹地上，是白桦。它们乘坐着双翅滑翔机飞过了河，落到了采伐迹地上。像白杨部队一样，它们一落到地面上也迅速躲进了地下。

我们的记者还无法知道它们到底能不能击败首批占领者——云杉。

他们的最新报道会在下期《森林报》上刊出。

农场纪事

现在，人们要做的事情有很多：在播完种后，要把厩粪和化肥运到田里，把肥料施上，为秋播做好准备。紧接着，菜园里也有活儿要做：先是种土豆，然后要栽种胡萝卜、黄瓜、芜菁、饲用芜菁和甘蓝。这个时候，亚麻也已经长高了，得去给它们除草了。

孩子们是不会闲在家里的。无论是田间，还是菜园里和果园里，他们都是不错的帮手。他们帮着大人们栽种、除草、修剪果树等。农活多得干也干不完！他们用白桦枝条捆扎了无数把扫帚，一年也用不完；他们还采来嫩嫩的荨麻做汤料，用鲜嫩的荨麻和酸模做的绿菜汤非常好吃。他们还要去捕鱼：用渔竿钓小鲤鱼、斜齿鳊、铜色鳜（guì）鱼、鳜鱼、鲈鱼、鳊鱼、鳜鱼等；设置鱼篰和鱼梁能捕到鳕鱼和小梭鱼；撒下鱼饵则能捉到鳜鱼、梭鱼和鳕鱼。

晚上可以用捞网（在一根长竿子的顶端装上一个网框，在框子上装个袋形的网做成的一种捕鱼工具）捕到各种鱼。

晚上，在岸边布下虾网以后，就可以稳稳当当地坐在篝火旁，等着虾儿们自投罗网！这个时候，几个人围在一起，讲讲笑话，说些恐怖的故事，也是一件乐事啊！

这时，秋播的黑麦已经齐腰高了，而春播的作物也不低了。清晨，灰山鹑已经不再啼叫了。它还住在原来的地方，只是不像以前那样肆无忌惮地叫了。因为，它的窝里有蛋，母山鹑正在里面孵蛋呢！这个时候它要是再叫的话，恐怕会招来不小的麻烦呢。像大鹰、小孩儿们或者狐狸，都是掏鸟窝的高手，要是他们闻声赶来，那可就不妙了。

驻森林记者　安娜

新森林

在苏联的中部和北部地区，春季造林的活动已经结束了，新造的林带近 10 万公顷。今年春天，我国欧洲部分的草原和森林地区，各农场共同开辟了近 25 万公顷的新防护林带，而且，还开辟了大面积的苗圃，可以为明年提供近 10 亿棵不同品种的乔木和灌木树苗。

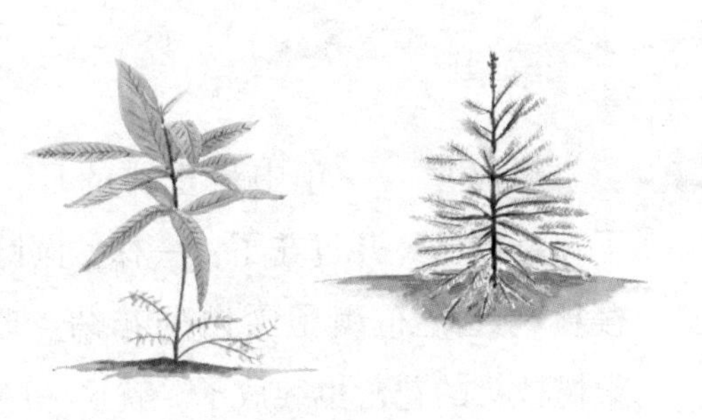

到了秋天，苏联还会有几万公顷的新森林出现呢！

塔斯社列宁格勒讯

农场新闻

新生活农场

昨天，南方蔬菜——番茄搬家了，它们搬到了新生活农场的池塘边。以前，它们生活在温室里；现在，它们与黄瓜做了邻居。这些西红柿个个都年轻力壮的，正准备开花呢！但是，黄瓜们还太小，只能躺在白色的薄膜里，只敢露出个鼻尖儿！大地母亲小心地保护着这些孩子，它可不想让那些嘴馋的鸟儿们发现了。黄瓜秧能不能快点长大，它们赶得上番茄吗？

尼·巴甫洛娃

今天头一次

看啊！一群小牛，它们今天是第一次到牧场上。它们甭提有多高兴啦，你看它们正摇头摆尾地到处撒欢儿呢！

尼·巴甫洛娃

重要的日子

果园里，一年中最重要的日子到了。草莓已经开过花了，一株株圆圆的樱桃树上，布满了雪白的花朵。昨天，梨树枝头的花蕾也绽放了。就这一两天，苹果树也要开花了。

尼·巴甫洛娃

牲口群壮大了

农场的牲口群又壮大了不少。今年春天，有许多小马、小牛、小绵羊、小山羊和小猪出生啦！

就昨天一晚的时间，“小溪”农场内小学生饲养员家的牲口群就增大到了4倍。刚开始的时候，这里只有一只山羊，现在有四只了：分别是山羊妈妈库姆什加和三只小羊羔儿库加、姆扎和施加利克。

尼·巴甫洛娃

城市要闻

列宁格勒的驼鹿

5月31日早晨，有人在列宁格勒的梅契尼科夫医院旁，发现了一头驼鹿。在最近几年，这已经不是第一次在市区内看到驼鹿了。大家猜得不错，这些驼鹿就是从符谢沃罗得区的森林里跑来的。

说人话的鸟儿

有一位市民来到我们《森林报》编辑部，爆料道：“早上，我正在公园里散步。忽然，有个哨音从灌木丛里传了出来，问我：‘你看到特里希卡了吗？’那声音很响，音调也很直。我看了下四周没发现一个人，只有一只浑身通红的小鸟儿站在灌木丛中。我仔细打量了它一下，心想：‘这是什么鸟啊？怎么叫得那么清楚？它问的那个特里希卡是谁？’它又接着问道：‘你看到特里希卡了吗？’我向前迈了一步，想看得更清楚一点儿。但是，它却一溜烟儿钻进灌木丛不见了。”

这位市民看到的鸟儿叫朱雀，它来自印度。它的尖哨声，听起来的确很像是在问什么。不过，不同的人在听到它的叫声以后，都会根据自己的想法把它翻译成人话。有的人觉得它是在问：“你看到特里希卡了吗？”有的人则觉得它是在问：“你看到格里希卡了吗？”

试　飞

当你在公园里、大街上或林荫小路上散步的时候，还是多往头上瞧瞧吧！说不定哪只小乌鸦或是小椋鸟就从树上掉下来，砸到你头上了呢！现在，这些小鸟儿刚准备离开窝巢，它们正在学习飞行呢！

路过城郊

近来，住在城郊的人们，经常会在夜间听到一种断断续续的低啸声：“呋啾！呋啾！”刚开始的时候，这种低啸声只出现在一条沟里，后来又从另一条沟里传出了这种叫声。原来，这是路过城郊的黑水鸡。它们和秧鸡有着血缘关系，而且与秧鸡一样，都是徒步横穿整个欧洲，走到我们这里来的。

采蘑菇去

一场温暖的雨下过之后，你就能到城外去采蘑菇了。像平茸菇、白桦蕈（xùn）和食用菌等，都从地下钻出来了。这是夏季长出来的第一批蘑菇。它们有个共同的名字，即麦穗菇。这样叫它们是有原因的，因为它们出世的时候，正值黑麦抽穗。过不了多久，刚到夏末，它们就消失不见了。

当你看到花园里的紫丁香花凋落了，你就应明白，春天已经过去了，夏天就要来了。

有生命的云

6月11日，在列宁格勒市区的涅瓦河畔，有很多人在那里散步。天上一片云彩也看不到，气温还很高。房子里和柏油马路，都被太阳晒得滚烫滚烫的，把人们烘烤得都快喘不过气了。孩子们也变得非常烦躁。

忽然，在宽宽的河岸那边，有一大片灰色的云彩浮了起来。人们都停下脚步，看着那片云彩。那片云彩飞得很低，都快贴到水面上了。大家看着它越变越大，当它们呼呼啦啦地将人群全都围起来的时候，大家才看清楚，这哪里是云彩啊，分明就是密密麻麻的一大群蜻蜓。只是一眨眼的工夫，周围的一切就很奇妙地变了样儿。这么多的小翅膀一起扇动着，竟然带来了一阵凉风。孩子们也不再烦躁了，他们还兴高采烈地看着：阳光透过彩色云母般的蜻蜓翅膀，在空中闪着多彩的光，就像彩虹一样。人们的脸也都变成了彩色的，有无数的小彩虹、光影和亮星星在他们的脸上闪烁着、跳动着。这片有生命的云飞掠过河岸的上空，升高了一些后，飞到房屋后面就消失了。

这是一批刚出生的小蜻蜓，它们正成群结队地寻找新住处。不过，它们是在哪里出生的，又要飞到什么地方安家，是没有人知道的。这种成群结队的蜻蜓到处都有，很常见。如果你看到这种情形的话，不妨观察一下这些小蜻蜓是从哪儿飞来的，又要飞到什么地方去。

欧　鼹

有不少人都觉得欧鼹是啮齿类动物，就像其他住在地下的鼠类一样，喜欢在地下刨洞，吃植物的根。大家这样想可就冤枉欧鼹了，因为它根本就不是鼠类。论长相的话，它们更像是穿着一身天鹅绒般柔软光滑的皮大衣的刺猬。欧鼹吃的是金龟子和其他害虫的幼虫，是一种以捕食昆虫为主的兽类，并不危害植物。因此，欧鼹对我们是有益的。

另外，若是有人觉得欧鼹在自家花园和菜园地里刨了洞，并将刨出的泥土堆在花台或是菜垄上，碰坏了花儿或是可口的蔬菜，千万不要因此生气。你可以平复下心情，找来一根长竿子，在上面装个小风车就行了。

只要风一吹，风车就会转起来。这样，长竿子就会抖动起来，就连下面的泥土也会跟着一起发颤，欧鼹的窝里就会发出嗡嗡的响声。如此一来，欧鼹们就会赶紧逃跑了。

少年自然科学爱好者　尤拉

蝙蝠的回声探测器

夏天的一个晚上，有一只蝙蝠通过一扇敞开的窗子飞进了屋里。“快把它赶走！快把它赶走！”小女孩儿一边慌忙用围巾包住了自己的头，一边叫嚷着。旁边脑袋光秃秃的老爷爷嘴里却嘟囔道：“它扑的难道不是窗户里的亮光吗，怎么会钻到你的头发里呢？”

早在几年前，科学家们还对蝙蝠能在漆黑的夜里飞行而不迷路大惑不解。为此，他们还做过这样的实验：他们将蝙蝠的眼睛蒙上，塞住它们的鼻子。但是，蝙蝠还是能在空中避开所有的障碍，即便是系在房间内的细线它们都能绕过去，非常灵巧地逃过了人们布下的天罗地网。在人们发明了回声探测器以后，这个谜团才被破解掉。现在，科学家们已经确认：所有的蝙蝠在飞行的时候，都会从嘴巴里发出一种人们听不到的、很尖细的叫声——超声波。这种声音只要遇到障碍物，就会反射回来。蝙蝠的耳朵可以“收听”到这些反射回来的信号，如“前面有墙”，或是“有线”“有蚊子”等信息。

不过，女孩儿那细密的头发却不能很好地反射超声波。光着头的老爷爷自然不用担心，但是，小女孩那一头细密的秀发，却被蝙蝠错误地当成“窗户里的亮光”了，那它冲着其中的一扇扑过去也就很正常了。

狩　猎

我国幅员辽阔，所以各地狩猎的时令会有所不同。在列宁格勒，狩猎季节早就已经结束了，而北方才刚刚进入汛期，正是狩猎的好时节。因此，那些喜欢打猎的人，在这个时节都赶往北方去了。

坐船进入汛期的茫茫水域

今天晚上，天空乌云密布，漆黑一片，仿佛已经进入了秋天的夜晚。

我和塞索伊奇乘着轻舟，顺着小河在森林中缓缓地前行。河岸看上去相当险峻。我划着桨，坐在船尾，塞索伊奇则坐在船头。他是一名优秀的猎手，打过各种各样的飞禽走兽。但是，对于捕鱼呢，这位老猎人经常嗤之以鼻，他瞧不起捕鱼的人。虽然说今天他就是和我去捕鱼的，但他仍然死要面子，说自己是去“猎鱼”的，而不是用鱼钩、渔网之类的工具去钓鱼或者网鱼。

轻舟驶过峻峭的河岸，就到了一片开阔地。这里，时而可以看见稍稍探出水面的灌木丛。向前方望去，是一大片黑乎乎的树影。再往前划上一段，是一道黑压压、又高又陡的林墙，那就是森林了。

夏天，这里是一条小河和一个不大的湖泊，隔在中间的是一条狭窄的堤岸，岸上长满了一丛丛的灌木。有一条窄小的小河汊将小河与湖泊连接了起来，不过，这个季节，已经没有必要费心去寻找那条小河汊了。因为，水已经淹没了那条小河汊，小舟可以在灌木丛中自由穿行。

船头固定着一块铁板，上面堆放着干松枝和松脂之类用来引火的东西。

塞索伊奇用火柴点燃了松枝。

穿行的小舟上，顿时篝火熊熊，红黄色的火光，映亮了宁静的水面，旁边光秃秃、黑黝黝的灌木枝干倒映在水里，在我们面前一闪而过。

然而，我们此时却没有闲情逸致来欣赏周遭的景色，只是凝神注视着船下，注视着湖面被照亮的地方。我轻轻地划着桨，船桨一次次地没入水中。小舟悄无声息地向前移动。

我的眼前，逐渐浮现出一个奇幻无比的世界。

我们已经到了湖中央。水底下，似乎潜藏着一些庞然大物。它们的脚爪深陷在水下的淤泥中，探出半个头颅，长长的发须纠结着漂浮在水面上，左右摇晃。它们是水藻呢，还是陆地上生长的草？

瞧！眼前这个黑幽幽的水潭，深不见底呢。或许，它并没有我们想象的那么深，只不过是因为篝火的光，仅仅能照到两米那么深而已。但是，望着黑洞洞的水面，仍然会觉得有些毛骨悚然。谁知道，这下面藏着的是什么呢？

突然，一个银白色的小球，从水面下升了上来，开始的时候，速度很慢，后来逐渐加快，形状也变得越来越大。

这个小球正对着我，飞快地飞到了我的眼前，马上就要冒出水面，射到我的脑门上了……

我不由自主地缩回了脑袋。

小球却逐渐变成了红色，钻出水面，便破了。

原来这只不过是普通的沼气泡泡而已。

这一刻，我只感觉，自己好像是坐在宇宙飞船里，飞行在一个陌生的星球上空。

下面，几个岛屿倏然飘过，岛上长满挺拔的密密匝匝的林木，那是芦苇吗？

一个黑色的妖怪把自己的手臂弯曲成钩状，向我们不怀好意地摸了过来。这怪物看起来像章鱼，也像鱿鱼，但触手显然要更多一些，而且模样更丑陋，也更恐怖。这究竟是什么东西？

原来是一株淹没在水里的树啊，是一株残损的盘根错节的白柳。

塞索伊奇的动作引起我的注意，我抬起了头。

他站在船上，左手拿着鱼叉（他是个左撇子），双眼炯炯有神，紧紧盯着水里。他的那个样子，威武极了，看起来就像是一位满脸胡子的矮个子军人，高举着长矛，想要刺死跪倒在自己脚下的敌人。

鱼叉的木柄有两米长，底端装着五根闪闪发亮的钢齿，呈倒钩状，插住鱼后能够确保鱼儿不会逃脱。

塞索伊奇的脸庞被篝火照得通红，他扭过头，朝我做了个古怪的鬼脸。我缓缓地停下了小舟。

猎人小心翼翼地把鱼叉伸进了水里。我朝下一望，只见河水深处有一个笔直的黑色带状物。起初我以为那是根棍子，但后来仔细一看，才看清楚，原来是一条大鱼的脊背。

塞索伊奇握紧鱼叉，慢慢地向水深处伸了下去，斜对着大鱼。后来，鱼叉止住不动了，他也僵住了，一动不动站着。突然，他把鱼叉竖直，说时迟，那时快，如闪电般有力地刺进了黑色的鱼背。

湖面泛起了水花，他将猎物拖了出来，只见一条足有两公斤重的大鲤鱼，兀自在鱼叉上挣扎。

小舟继续向前驶去。不久，我就发现了一条并不是很大的鲈鱼。它的脑袋钻在水底的灌木丛里，一动不动，像个冥想者。

这条鲈鱼离水面很近，我们甚至可以看清它腹部的那些黑色的纹路。

我瞧了瞧塞索伊奇。他摇摇头。

我明白，他是嫌这条鱼太小，不值得猎取。所以，我们最终还是放过了它。

我们就这样在湖上划着船。水底世界的迷人景色，恍如电影片段似的一幕幕在我的眼前闪过。当塞索伊奇忙着在水里猎取猎物的时候，我还舍不得把视线从美景上移开呢。

又是两条肥大的鲈鱼、两条细鳞的金色鲤鱼，它们陆续从湖底落到了我们小船的船舱中。黑夜马上就要过去了。此时，我们的船在被水淹没的田野上划着。燃烧着的枯枝和滚红的木炭掉落进水里，发出嗞嗞的响声。偶尔可以听见野鸭鼓动翅膀，在头顶上飞过的声音。在一片黑魆魆的树林里，有一只年幼的猫头鹰正在轻柔地叫唤着，似乎在反复地说："我在睡觉！我在睡觉！"灌木丛后传来小公鸭叽叽喳喳的叫声，声音优美，非常好听。

前方的水中，我突然发现了一段短原木。我忙把船头转向一边，免得撞上，却突然听到塞索伊奇低低的喝声：

"停！……停！……梭鱼！"

他兴奋得连话都说不清了。

鱼叉柄朝上的一段，系着一根长长的绳子。塞索伊奇利索地将绳子的另一端缠在手上，仔细地瞄准目标，然后果断出手，用尽全身气力，向梭鱼刺去。这条大家伙竟然拖着我们的船游了一阵。幸好扎得深，它这才没能逃脱！

这条梭鱼看起来有 15 斤左右呢！

塞索伊奇费了好大力气，才把梭鱼拖到了船上。这时，天差不多已经快亮了。黑琴鸡叽叽咕咕的喧嚷声，透过薄薄的雾气，从各个方向涌进了我们的耳中。

"好啦，"塞索伊奇兴高采烈地说，"现在由我来划船，换你来打猎。可别错过好机会呀。"

他把燃烧剩下的枯枝扔进水里，然后和我调换了位置。

清晨的凉风，吹散了氤氲（yīn yūn）着的雾气。天空明朗如洗，多么美好、晴朗的早晨啊！

丛林边上的树木笼罩在一层薄薄的绿色轻雾之中，我们的小船沿着林边滑行。水面上，笔直地矗立着一些光滑的白色树干以及一些粗糙的云杉。向前方望去，森林就好像悬挂在半空中似的。近处，有两片树林在眼前荡漾，一个树林的树梢朝上，另一个树

林的树梢向下。水面平滑如镜，奇妙地倒映着根根黑色或者白色的树干，轻波荡漾，圈圈的涟漪，摇碎了水中丝丝缕缕的细树枝。

“做好准备！”塞索伊奇轻声提醒我。

我们划过了一片被水淹没、亮光闪闪的林中空地，来到了白桦树林的边缘。在光秃秃的树梢枝头，栖息着一群琴鸡。让人感到不可思议的是：那么细小的枝梢，竟然没有被这些肥大的鸟儿压断。

雄琴鸡个头很大，身体壮实，脑袋小，尾巴长，尾巴梢上还拖着两根辫子似的长长的尾羽，浑身黝黑的羽毛在明亮的阳光下，尤其耀眼。那些雌的琴鸡，则是一身淡黄色的羽毛，看上去更朴实，也更小巧。

从林下的水面上，也有一群黑色、浅黄色的大鸟，只不过是脑袋朝下，随着水波晃来荡去。我们离它们已经很近了。塞索伊奇小心翼翼地划着船，沿着林边行进。为了不惊动这些警惕性很高的鸟儿，我慢慢地举起了双筒猎枪。

所有的黑琴鸡都把小脑袋转了过来，瞅着我们。它们都很惊奇：那是什么东西漂在水面上啊，会不会伤害我们啊？

鸟的思维是很慢的。现在，我们距离最近的那只琴鸡只有50来步了。可它还在紧张地摇头晃脑呢，似乎在寻思着：万一发生了危险，该往哪儿飞呢？它的两只脚交替着缩上又踏下，身下的细细的树枝都被压得弯了起来。它惊慌中猛地扇了两三下翅膀，以维持着身体的平衡。

可是，它的伙伴们仍然站在那儿，无动于衷。所以，它也放心了，觉得没事了。

我开了一枪。轰隆一声，枪响了，巨大的响声从水面向树林飘了过去，像碰到了树墙似的反射回来，传来了回声。

琴鸡乌黑的躯体，扑通一声，掉进了水里，溅起一大片的水花，在阳光的照射之下，如彩虹般五颜六色的。其他琴鸡，猛烈地拍动着翅膀，一下子都从白桦树上飞走了，瞬间消失得无影无踪。

我急忙再次瞄准了一只黑琴鸡，又开了一枪，但没有打中。

不过，一大清早，就收获了这么一只羽毛丰满的漂亮鸟儿，难道还有什么不满足的吗？

“收获不错啊！”塞索伊奇高兴地向我道贺。

我们俩从水中拎起湿淋淋、低垂着翅膀的死琴鸡，不慌不忙地划着船，打道回府。

水面上，不时地有一群群的野鸭掠过，丘鹬在尖叫着，沿岸的黑琴鸡叫得更欢了，更响亮了，那叽叽咕咕的声音，此起彼落，没完没了。此时，一轮红日高高地悬在森林上空。

田野上，时而传来了云雀清脆的歌声。尽管昨夜一整宿没有合眼，但我们却丝毫没有倦意呢！

本报特约记者

6月21日~7月20日
太阳进入巨蟹宫

No.4

鸟儿筑巢月

（夏季第一月）

一年：太阳在12个月内谱写的乐章

6月——蔷薇花开的季节。候鸟都飞了回来，迎接即将到来的夏天。白天也越来越长，在很远很远的北方，太阳一整天都照耀着大地，完全看不到黑夜的影子。草叶和花瓣上挂了露珠，在阳光的照耀下闪闪发光，异常美丽。金梅草、驴蹄草、毛茛……披着耀眼的阳光，把整片草地都染成了金黄色。

在这个季节，勤劳的人们迎着刚刚升起的太阳，呼吸着怡人的新鲜空气，到山中采集草药，以便在生病的时候，这些草药内所贮存的太阳精华，能派上用场，让自己重新容光焕发。

6月21日是夏至日，也是一年中白昼最长的一天，就这样过去了。

从这天开始，白昼在慢慢地变短，黑夜在慢慢地变长。不过，这个过程慢极了，你不注意简直感觉不到。但是有时候，你也会觉得像春天悄无声息地迅速来到你的身边一样，不知不觉地，“夏天已经从篱笆的缝隙里探出了头……”

所有的鸟儿都筑好了自己的巢，每只鸟巢里都藏着几枚颜色各异的蛋。在这薄薄的蛋壳下孕育着柔弱的小生命，它们即将破壳而出！

最好的住宅

看了各种各样的“住宅”，我们的记者想要从中选出一所最好的。但是，无论哪一所住宅都很漂亮，这可真让人难以取舍啊！

雕的窝巢是最大的，它们用粗大的树枝，把巢搭建在高大粗壮的松树上。

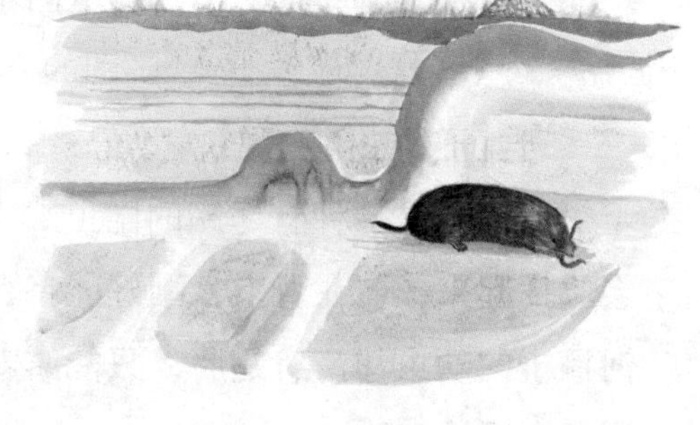

黄头戴菊鸟的窝巢是最小的，整个窝巢也只有拳头那么大。原来，它的个头儿还没有一只蜻蜓大呢！

田鼠的窝巢设计最精妙，前后左右不知道有多少备用的出入口。就算你费再大的力气，也别想在它的家中逮到它。

卷叶象鼻虫的窝巢最精致。这是一种长有长吻的小甲虫，在建造窝巢时，它们会先咬断白桦树叶的叶脉，等到树叶枯萎时，就把它卷成筒状，再用唾液将叶子粘牢。雌卷叶象鼻虫就是在这幢精致的小房子里繁育后代的。

戴领带的丘鹬（yù）和夜游神欧夜莺的窝巢最简单。丘鹬直接将自己的四枚卵产在河边的沙地上，而欧夜莺则把卵产在树干下的枯叶堆里或是小土坑里。这两种鸟都懒得在筑巢上下功夫。

柳莺的窝巢最漂亮。它们的窝搭建在白桦树枝上，外面还用苔藓和薄薄的桦树皮精心装饰。有时，它们还会从别墅花园内捡来一些彩纸片，装饰自己的家呢。

长尾巴山雀的窝巢最舒适。这种鸟的外形很像一只长柄汤勺，因此它也叫作汤勺鸟。它们的窝巢里面主要由绒毛、羽毛和兽毛编成，外面则用苔藓和地衣粘牢。整个窝巢圆乎乎的，就像一只小南瓜。窝巢的小门开在头顶的正中间，也是圆圆的。

河榧子幼虫的窝巢最轻便。

河榧子是一种有翅膀的昆虫。当它们停下来的时候，翅膀就会收拢起来，盖在背上，刚好能将自己的身子全部遮掩起来。而河榧子的幼虫却没有翅膀，只能露着身子，毫无遮掩地生活在小溪、小河的底部。

当河榧子的幼虫找到一根与自己大小差不多的干树枝或是芦苇时，就会将泥沙做成一个小圆筒粘在上面，然后自己再倒着身子爬进去。

这样一来就方便多了。它可以把整个身子都躲进圆筒里面，安安稳稳地睡上一觉，不用担心被别人发现。若是想搬个家或是活动活动，只需伸出前腿儿，就能背着自己的房子在水底爬上一圈，实在是太轻便了。

有一只河榧子的幼虫，在河底找到了一根沉没的香烟嘴儿，把它当作自己的巢钻了进去，然后带着它四处旅行。

银色水蜘蛛的窝巢最奇特。它们先在水底的水草间结上蛛网，然后再用自己毛茸茸的肚皮，从水面上带回一些气泡放在蛛网下面，而水蜘蛛们就住在这种由蛛丝做成的空气流通的窝巢里。

建筑材料有哪些

森林里的小动物们，它们用各种各样的材料来搭建自己的住宅。

善于唱歌的鸫（dōng）鸟，喜欢将内含胶质的朽木渣当作涂料抹在自己圆形窝巢的墙壁上，就好像我们人类用水泥涂抹墙壁似的。

家燕和毛脚燕的窝巢是用烂泥做的，它们还用唾液将巢粘得非常结实。

黑头莺用细树枝搭窝，并用又轻又黏的蜘蛛网将那些细树枝牢牢粘在一起。

䴓（shī）鸟行为非常独特，它们能在笔直的树干上头朝下来回地跑。它们喜欢住在入口较大的树洞里。但是，为了防止松鼠闯到自己的家里来，它们通常会用胶泥把洞口封起来，只留一个很窄的仅容自己进出的小口子。

毛色翠绿、带有咖啡色花纹的翠鸟，它的窝最有意思。它们会在河岸上挖一个比较深的洞，然后在洞里铺上一些细鱼骨，就像铺了一床细软的垫子一样。

借房子的动物

要是有谁不懂得建房，或是懒得自己建房，它就会借住在别人家里。

杜鹃往往会把卵产在鹡鸰（jí líng）、知更鸟、黑头莺以及其他会筑巢的小鸟的窝里。

森林里的黑丘鹬，也不自己筑巢，只要找到一个废弃的乌鸦巢，它就会在里面孵化后代。

鮈（jū）鱼比较喜欢废弃的虾洞，这些小洞一般都隐藏在水底的沙壁上，鮈鱼会在里面安家产卵。

有一只麻雀在安家的时候十分精明。

它先是将家安在了屋檐下，但不幸的是被调皮的小男孩们捣毁了。

后来，它又在树洞里安了家，但是伶鼬潜进来把它的蛋给偷了。

最后，它居然把家安在雕的窝巢里面了。由于雕的窝巢是用粗壮的树枝搭成的，小麻雀在这些树枝间建个小窝，地方还是非常宽敞的。

现在，小麻雀总算是过上了安稳的生活，什么也不用怕了。像雕这样的大鸟，是不会把一只小小的麻雀放在眼里的。而且有雕做靠山，像伶鼬、猫儿、老鹰等天敌，甚至连小男孩们都再也不敢动它的家了。

林中逸闻

狐狸如何占了獾的家

狐狸家出大事了！它家的天花板塌了，还险些将小狐狸给压死。

狐狸看到这种情况，觉得事情有些不妙，得赶紧搬家。

于是，狐狸就跑到了獾的家里。獾的洞穴都是它们自己动手挖出来的，住着非常舒服。而且，洞内还有多个进出口，还有很多迷宫一样的密道，即便是有敌人来袭，也能安全逃生。

獾的洞穴非常宽敞，即便是两家合住都丝毫不会觉得拥挤。

狐狸就想向獾借一间房子，可是獾无论如何都不答应。獾做事一向都很认真，家里面也被它打理得井井有条。而且，它很爱干净，决不允许家中出现脏乱的状况。它怎么能让狐狸拖儿带女地住进来呢？

于是，獾二话不说就把狐狸赶出去了。

“好！好！”狐狸在心底寻思着，“既然这样的话，那咱们就走着瞧吧！”

狐狸佯装进了树林，其实它就躲在一簇灌木丛后，在那里等待时机。

獾从洞穴里探出头来左右张望了一下，看到狐狸已经走了，这才爬出洞穴，到树林里找蜗牛吃去了。

狐狸趁机溜进了獾的洞穴里面，在地上拉了一堆屎，还把洞里搞得乱哄哄的，然后就溜走了。

獾回到家后大吃一惊，洞里怎么又臭又乱！它虽然气得不行，但也实在不能忍受着脏乱再在这里住下去了，只好离开这里，到别的地方重建新居去了。

狐狸等的就是这一刻。

它等獾走后，就拖儿带女地搬进了这个舒适的新家。

神奇的花儿

在林中草地和空地上，紫红色的矢车菊开花了。我每次看到这种花，都能想起伏牛花来，因为它们都像魔法师一样，会变点儿小戏法。

矢车菊的花，结构比较复杂，是由许多小花组成的头状花序。聚集在花盘周围的那些毛茸茸的、小牛角似的漂亮小花，都是不会结子的无实花。真正的花是花盘当中那些紫红色的细管子。在这些管子里面，有一根雌蕊和好几根神奇的雄蕊。

只要你触碰一下那紫红色的细管子，它就会往旁边一歪，接着就会从细管子的小孔里冒出一小团花粉来。

过了一会儿，你要是再碰它一下，它还会一歪，再冒出一小团花粉来。

这就是矢车菊变的小戏法！

它的这些花粉可不是随随便便喷出来的。只要有昆虫向它索取花粉，它都会给一些。这些昆虫将花粉拿去吃掉也好，沾在身上也罢——只要能将一点点的花粉带给另一株矢车菊它就心满意足了。

尼·巴甫洛娃

神秘的夜间杀手

森林里出了个神秘的夜间杀手，引起了森林居民的极大恐慌。

每天夜晚，都会有几只小兔子失踪。只要天一黑，小鹿、琴鸡、松鸡、榛鸡、兔子、松鼠等，都是战战兢兢的，不敢安眠。这个杀手如此神秘，无论是树丛中的鸟儿，树上的松鼠，还是地上的老鼠，都没人知道它是从哪儿来的。而且，这个神秘的杀手，有时从草丛里来，有时从树丛里来，有时还会从树上冒出来，简直就是神出鬼没。也许，杀手不止一个，而是有一大群呢。

几天前的一个夜晚，小獐鹿一家（有獐鹿爸爸、獐鹿妈妈和两只小獐鹿）在林间的空地上吃草。獐鹿爸爸待在距离灌木丛八步远的地方放哨，而獐鹿妈妈则带着两只小獐鹿在空地上吃草。

突然间，灌木丛中蹿出一道黑影，一下子就扑到了獐鹿爸爸的背上。獐鹿爸爸倒了下去，而獐鹿妈妈带着孩子们逃进了森林。

第二天早上，獐鹿妈妈回到林中的那片空地，只看见獐鹿爸爸留下的两只犄角和四个蹄子。

昨天晚上，驼鹿遭受了神秘杀手的袭击。当时它正在林子里穿行，发现旁边的一根树枝上长了一个非常奇怪的木瘤。

驼鹿仗着身高体大，从没怕过谁，而且它头上那对硕大的犄角，就连熊也有所忌惮。

当驼鹿走到那棵树下，刚想抬头看个究竟，突然一个可怕的、重量足有三百公斤的东西掉在了自己的脖子上。

事发突然，驼鹿吓了一大跳，它使劲摇了摇脑袋，才把那个可怕的东西给甩下去，然后它连头也没敢回，拔腿就跑。因此，它也不清楚昨天晚上袭击它的到底是个什么怪物。

在我们这片森林之中并没有狼，即便是有，狼是不会上树的啊。至于熊嘛，估计它们这会儿都在密林深处休憩，才懒得动弹呢！更何况，熊也不会爬到树上再跳下来压到驼鹿的脖子上去啊！那么，这个神秘的杀手到底是谁呢?

到目前为止，真相仍在调查之中。

真凶是谁

今天晚上，森林里又发生了一起谋杀案，被害者是树上的松鼠。我们检查了一下案发现场，根据凶手在树干上和树底下遗留的痕迹，终于弄清了这个神秘的夜间凶手是谁。在不久前，杀害獐鹿爸爸，并引起全体森林居民惊慌的也是它。

我们根据现场发现的脚印判断，凶手就是我们北方森林中的“豹子”，也就是最凶残的猫科动物——猞猁。

现在，小猞猁已经长大了，猞猁妈妈正带着它们在森林里到处游荡，还在树上爬来爬去的。

到了晚上，猞猁的眼神并不比白天差，要是有谁在睡觉前没有藏好的话，那可就要倒大霉了！

蜥　蜴

我在树林的一个树桩旁捉到了一只蜥蜴，就把它带回了家。我将它放在了一个大玻璃罐中，里面还放了些沙子和小石头。每天我都会给它更换罐子里的沙子、草和水，而且还喂它吃些苍蝇、甲虫、虫子的幼虫、蛆虫和蜗牛等。蜥蜴的胃口很好，看到食物就会张开大口狼吞虎咽。它最喜欢吃的是生长在甘蓝菜中的一种白蛾子。一看见这种白蛾子，它就会灵活地把头转过去，张大嘴，吐出小舌头，跳起来，扑向自己的美食，就像饿虎扑食似的。

一天清晨，我在小石头间的沙土里，发现了十几枚椭圆形的卵，它们很小，外壳也很软很薄。蜥蜴将这些卵放到了一个阳光可以晒到的地方。一个多月过去了，蛋壳破了，十来只动作灵敏的小家伙都从蛋壳里爬了出来，长相和它们的妈妈一模一样。

现在，这一家子正趴在小石头上，懒洋洋地晒太阳呢。

驻森林记者　舍斯加科夫

小燕雀和它的母亲

我们家的院子里，花木繁盛，生机盎然。

有一次，我在院子里散步，突然，从我的脚下飞出一只小燕雀。它的小脑袋上长着两撮犄角样儿的绒毛。它刚飞起来，就又落在了地上。

我捉住了它，并带回了房间。爸爸让我把它放在窗户敞开的窗台上。

不到一小时，小燕雀的父母就飞来喂它了。

小燕雀就这样在我家待了一整天。晚上，我把它放到了笼子里，并关上了窗户。

第二天，清晨五点钟我就起床了。只见燕雀妈妈站在窗台上，嘴里还衔着一只苍蝇。我赶紧跑过去，打开了窗户，然后又悄悄地躲在角落里观察。

不一会儿，燕雀妈妈又飞了回来。它刚停在窗台上，小燕雀就叽叽喳喳地叫开了，怕是早已饿坏了吧！这时，燕雀妈妈鼓足勇气飞到了笼子跟前，隔着鸟笼喂起了小燕雀。

后来，当燕雀妈妈又离开去找食物的时候，我把小燕雀从笼子里拿出来，放到了院子里。

当我再去看它的时候，已经找不到它了，可能是燕雀妈妈带它回家了吧。

伏洛佳·贝科夫

射杀蚊子

达尔文国家自然资源保护区的办公楼，建在雷滨海的一个半岛之上。这是一个年轻的，也比较特别的海，因为在不久前，这里还是一片森林呢。海水并不深，有些地方还能看到露出水面的树梢。海水是温热的淡水，吸引了无数的蚊子来这里繁衍生息。

这些蚊子钻进科学家们的实验室、食堂和卧室里，不但害得人们没有办法正常工作，还搅得大家吃不好、睡不好。

到了晚上，每个房间内都突然响起了枪声。

这是怎么回事？其实，也不是什么特别的事情，只是人们在用枪射杀蚊子而已。

当然了，枪里面装的肯定不是子弹，也不是铅霰弹。科学家们将少量打猎用的火药，装在了带引信的弹壳里压实，堵上填弹塞，然后再填满杀虫粉，并将弹壳密封起来，免得杀虫粉漏出来。

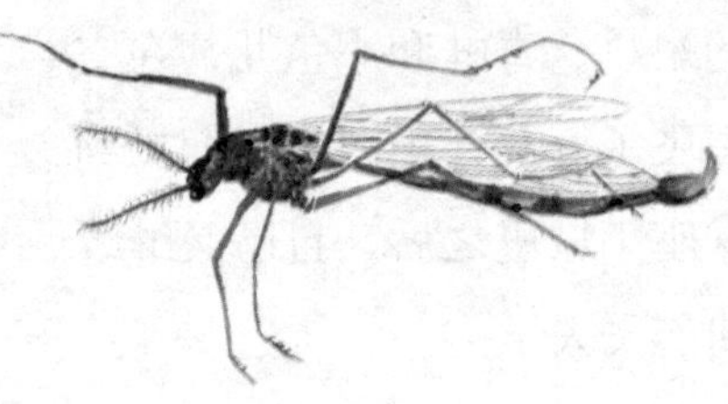

这样一来，只需开上一枪，杀虫粉就像一阵微尘一样飘散到房间的每个角落里，钻入每个缝隙之中，将所到之处的蚊子杀得片甲不留。

会飞的大象

天空中飘来一大块儿黑压压的乌云，模样极像一头大象。而且，它还时不时地将长鼻子拖到地上。只要它的鼻子一触地，就能从地上扬起一片沙尘来。这些沙尘就像一根柱子一般，不停地旋转着，越来越粗，越来越高，最终与天上的象鼻子连在了一起，形成了一根接连天地的巨柱。天空中的大象将这根巨柱搂到怀里，又继续向前飞去。

大象飞到一座小城的上空后，就停在那里不走了。突然间，大大的雨点开始从大象的身上落下来。这简直就是一场倾盆大雨！屋顶上和人们撑起的雨伞上都噼里啪啦地响个不停。大家知道是什么东西敲击出的响声吗？是蝌蚪、青蛙和小鱼儿！它们纷纷落在大街上的水洼里，跳来跳去的。

后来，人们才知道天上那块大象状的乌云，借着龙卷风（从地面一直卷到天上去的旋风）的力量，不但在森林中的湖里喝饱了水，还带着湖水里的蝌蚪、青蛙和小鱼儿，在空中飞了好几公里，将它们扔到这座小城里之后，自己又继续向前飞去了。

绿色的战友

以前，我们的森林很大，几乎没有边际。

但是，以前那些森林所有者却很缺乏远见，根本就不知道珍惜森林，保护森林，他们只知道毫无节制地乱砍滥伐。

只要是森林被砍光伐尽的地方，都会变成沙漠和荒谷。

农田失去了森林的庇护，干燥的热风就会从沙漠里滚滚地吹来。炽热的沙子掩埋了农田，庄稼全都枯死了，谁都没办法拯救它们。

河流、湖泊和池塘的岸边没有了森林，水流会慢慢地干涸，荒谷也在慢慢地向农田延伸。

现在，爱护森林的人们已经赶走了那些缺乏远见的所有者，开始亲自管理这些宝贵的财富了。他们已经向干风、旱灾和荒谷全面宣战了！

而我们绿色的战友——森林，则成了人们最好的助手。

只要发现哪里的河流、湖泊和池塘没有遮蔽物，我们就会派森林过去，帮助它们抵挡烈日的暴晒。雄伟的森林犹如巨人一般，挺着魁梧的身躯，用自己茂密的枝叶遮挡着骄阳的暴晒，庇护着河流、湖泊和池塘。

只要发现哪里的农田需要保护，我们就会在哪里植树造林，使我们辽阔的农田免受恶毒的干风的侵扰，保证我们的农田不被远方沙漠里的热沙掩埋。森林就像战士般挺起自己的胸膛，形成一道铜墙铁壁，保护着庄稼免受灾难……

只要发现哪里有土地塌陷、滑坡，荒谷迅速侵占原本肥沃的农田，我们就在哪里植树造林。我们绿色的战友——森林，用它那强健的根须抓牢每一粒泥土，阻挡着四处啃食的荒谷，看护着我们的农田。征服干旱的战斗还在继续着。

林间大战（续前）

小白桦的命运与野草和小白杨差不多，它们都受到了云杉的欺负。

如今，在这块采伐地上，云杉已经成为统治者，再也没有对手了。我们的记者在收拾好帐篷以后，就转移到另一块采伐地去了——伐木工人前年在这里砍伐过树木，而不是去年。

在那里，他们目睹了统治者云杉在战后第二年的境况。

云杉虽然非常强大，但是它们却有两个致命的弱点。

第一个弱点，它们扎在土里的根虽然能伸得很远，但却扎不深。到了秋天，当狂风吹过开阔的采伐迹地时，许多弱小的云杉都被狂风刮倒了，甚至会被连根拔起。

第二个弱点，弱小的云杉幼苗不够健壮，会很怕冷。

云杉幼苗在严寒的环境下，只要冷风一刮，枝条上的树芽就全冻死了，柔弱的树枝也会被寒风吹折。到了来年春天，那块曾经被云杉征服了的土地上，一棵小云杉也看不到了。

云杉不是每年都会结种子的。因此，它们在战斗一开始虽然很容易取得胜利，但是，它们的胜利并不牢固，有很长一段时期，它们都没有丝毫的战斗力。

第二年春天，野草们刚刚露出头来，就加入战斗了。

这一次，它们的对手是小白杨和小白桦。

可是，小白杨和小白桦都已经长高了，很轻松地就摆脱掉了那些柔韧的小草的围堵。而且，细密的野草将它们密密地包裹起来，反倒对它们有利。往年的枯草，就像一条厚厚的毯子一样铺在地面上，腐烂后的枯枝烂叶可以散发出热量帮助取暖。而新生的野草，则簇拥着刚出土的小树苗，保护着它们免受霜露的侵害。

小白杨和小白桦的生长速度很快，矮小的野草无论如何都很难追上它们，落后也是很自然的事情。可是，它们刚一战败，就看不到太阳了。

当小树的个头超过野草时，它们就会伸展开各自的枝叶，将野草盖住。虽然小白杨和小白桦没有云杉那样浓密的针叶，但是它们的叶子很宽大，形成的树荫也不小呢！

要是小树们之间的距离比较远，稀稀疏疏的，野草们的日子还能勉强过得下去。但是，在采伐迹地上，小白杨和小白桦之间的距离非常小，排列得密密麻麻的。只见它们手挽着手，紧密地团结在一起，一排排地围起来，枝枝杈杈连成一片，就像是一个严密的绿色帐篷，把太阳光遮得严严实实的！树底下的野草见不到阳光，很快就死掉了。

到了第二年，我们的记者在采伐迹地上就只看到了小白杨和小白桦的身影，这场战争也以它们的胜利而告终。

后来，我们的记者又去了第三块采伐迹地。

如果你想知道他们发现了什么，就请继续关注我们下期的报道吧。

祝钓鱼成功

钓鱼和天气

夏天，狂风、暴雨来临时，鱼儿们就会找个安全的地方避避风头，像深潭、草丛、芦苇丛等。如果一连几天天气都不好的话，那么所有的鱼儿都会躲到最安静的地方去。这个时候，鱼儿们一点儿精神都提不起来，就算是喂它们食物，它们也不乐意吃。

到了天热的时候，哪里凉快鱼儿们就往哪里去——它们专门找那些有泉眼儿、水温较低的地方避暑。因此，炎热的夏天，只有清晨或是傍晚气温不太高的时候，鱼儿们才会上钩。

夏天的干旱期，河流和湖泊的水位会有所降低，这个时候鱼儿都会躲到深潭中。可是，深潭里的食物却不够吃。所以，我们只要找个合适的地方，就能钓到不少的鱼。若是有好的鱼饵，钓到的鱼会更多。

最好的鱼饵是麻油饼，先将它在平底锅里煎一下，然后再用研钵捣烂，与煮烂的麦粒、米粒或豆子等和在一起，或是撒在芥麦粥、燕麦粥里也行。这样的鱼饵能散发出新鲜的麻油味，鲫鱼、鲤鱼和许多其他的鱼儿都很喜欢这种香味。若想钓到更多的鱼，就得天天来这里喂它们鱼饵吃，让它们习惯来这个地方觅食。这样一来，食肉的鱼类，像鲈鱼、梭鱼、刺鱼和海马等，都会跟着它们来到这里。

在阵雨和雷雨过后，水会变得凉爽一些，这能大大地刺激鱼儿们的食欲。大雾之后，天气转晴的时候，鱼儿也很容易上钩。

人们应当学会利用晴雨表、鱼儿咬不咬钩、云层的形状、日出后就散去的夜雾和露水，来预测天气状况。朝霞若是鲜亮的紫红色，那就说明空气中的水蒸气较多，可能会下雨。朝霞若是淡淡的金红色，那就说明空气比较干燥，在最近的几小时内都不会下雨。

乘船钓鱼

除了用带有浮标或是不带浮标的普通鱼竿钓鱼以外，大家还可以乘着小船，一边划一边钓。这种情况下，只要准备好一根结实的长绳子（约 50 米），在手拉的地方接上一段钢丝或牛筋，还要准备一条假鱼。先把假鱼系在绳子上，拖在小船后 25 ～ 50 米的距离处。船上得有两个人，一个人负责划船，一个人负责拉绳子，拖着假鱼在水底或水中前进。凶猛的食肉鱼类，像鲈鱼、梭鱼和刺鱼等，看到从自己头顶上游过的假鱼，还以为是真鱼呢，扑过去一口就吞到肚子里了，这样就扯动了绳子。拉绳子的人要

是觉得鱼儿上钩了，就可以慢慢地把绳子收回来。用这种方法捕到的鱼，往往都是大个儿的。

在湖里，最适合使用这种方法钓鱼的地方是长满了灌木的又高又陡的峭壁下，或是杂陈着被风刮倒的树木的深水潭中，或是长着芦苇丛和水草丛的开阔水面上。在河里，要沿着陡立的河岸划船，也可以在水面开阔、水深而平静的地方划船。要尽量避开石滩和浅滩，在其上游或下游都行。采用这种方法的时候，小船得慢慢地划，尤其是在风平浪静的时候，动作更得轻盈一点儿。因为在这种情况下，即便是船桨轻轻地触碰水面，身在远处的鱼儿也能听见。

农场纪事

黑麦已经开花了，长得比人还要高呢。一只雄山鹑（chún）正在黑麦田里散步，看起来黑麦田就像是树林一样！雄山鹑是领着雌山鹑出来的，在身后还跟着它们的小宝宝。只见这些小家伙们个个都像小黄球似的，在那里滚来滚去。原来小山鹑已经孵出来了，而且都能跑出窝了。

农场里的人们正在忙着割草。有用镰刀割的，也有用割草机割的。割草机在草场上挥动着光溜溜的翅膀来回奔跑，高高的牧草在它身后纷纷倒下，躺得整整齐齐的，多汁的牧草还散发着阵阵的芳香。

在菜园里，绿油油的大葱已经长高了，孩子们正在畦（qí）垄上忙着拔葱呢！

女孩儿和男孩儿们一起到森林里采摘浆果。在这个月初，一处向阳的斜坡上，甜甜的草莓已经成熟了。现在正是草莓大量成熟的时候。树林里的黑莓和覆盆子也快熟了。在林中长满苔藓的沼泽地上，一肚子子儿的桑悬钩子已经由白色变成红色，又从红色变成金黄色。你爱吃什么样的浆果，就采什么样的浆果吧！

孩子们还想多采一些，但是，家里还有很多活儿等着他们干呢。他们不仅得去打水浇菜，还得到菜畦里除草。

尼·巴甫洛娃

农场新闻

洒在田地里的怪水

田地里的杂草，只要沾上这种怪水，要不了多久就没命了。对于杂草来说，这种怪水简直就是夺命的水。

但是，这种怪水再洒到庄稼上，庄稼却没有一点儿事，依然欢快地生长着。对于这些庄稼而言，这种怪水是保命的水，不仅不会对它们造成伤害，还能改善它们的生活条件，消灭它们的敌人——杂草。

阳光下的受害者

在共青团员农场里，有两只小猪在散步的时候被灼热的太阳光晒伤了脊背，灼伤的部位还起了个大水泡。场员们赶紧请来了兽医给小猪治病，还告诉小猪，在太阳最毒时候，千万不要出来散步，就算有猪妈妈跟着也不行。

浆果们要出发了

浆果们都熟了，有马林果（树莓）、醋栗、茶藨（biāo）果等，它们就要从农场动身进城去了。

醋栗不怕走远路，它说："带我去吧！我们最好快点动身，趁我现在还没有熟透，身体还有些硬硬的，还能受得了！"

茶藨果也说："把我好好包装一下，我也能坚持到底。"

可是，马林果却有点儿信心不足，它说："你们还是别碰我了，最好是让我待在原地吧！我最怕的就是路上的颠簸了！颠来倒去的，恐怕还没到地方，我就变成果酱了。"

混乱的食堂

在五一农场的池塘里，有几根木棍露出了水面，上面挂着个写有"鱼儿食堂"几个字的木牌。在这种水下食堂里，都只有一张镶边的大桌子而没有椅子。

每天早上，木牌周围的水就像沸腾了一样翻滚着，这是鱼儿们在等着吃早饭呢！鱼儿们的纪律性很差，总是你挤我，我撞你的，场面十分混乱。

七点钟，厨师们就会坐着小船将饭菜送上餐桌：有煮熟的土豆、杂草种子做的饭团、晒干的小金虫以及很多其他可口的美食。

在这个时间，食堂里的鱼可真不少啊！每个食堂里面，少说也得有四百条鱼同时进餐。

狩　猎

不猎飞鸟，也不猎走兽

在夏天里狩猎，我们既不猎飞鸟，也不猎走兽。与其说是狩猎，还不如说是一场战争更准确。夏天，人类就会有许多敌人。比方说，你开辟了一个菜园，种上了蔬菜，经常浇水，但你能保证你的蔬菜不被敌人祸害吗？

若是用木棍竖个稻草人，能起多大的作用？起不了多大作用！虽然稻草人能帮你赶走麻雀和其他的鸟儿，但是效果也不明显。

在菜园里还有一群敌人，不要说稻草人了，就算是拿着武器的真人，都吓不跑它们。这些敌人用木棍捶不死，开枪也打不着。

对付它们，我们只能智取了。这就需要我们时刻保持警惕，做好防备工作。别看它们的个头儿不大，但其捣乱的本事却要比其他的敌人厉害多了。

跳来跳去的敌人

有一种背上带有两道白色花纹的黑色小甲虫，它们就像跳蚤一样在菜叶子上跳来跳去的。若是它们出现在菜园里，那就不得了啦！

这种可怕的敌人就是跳甲虫，它们只需要两三天的时间，就能毁掉好几公顷的菜园。它们很喜欢啃咬嫩叶，被它们咬过的菜叶无一不是千疮百孔。那这片菜园可就算是全毁了！萝卜、芜菁、冬油菜和甘蓝菜等，最怕的就是这种跳甲虫。

会飞的敌人

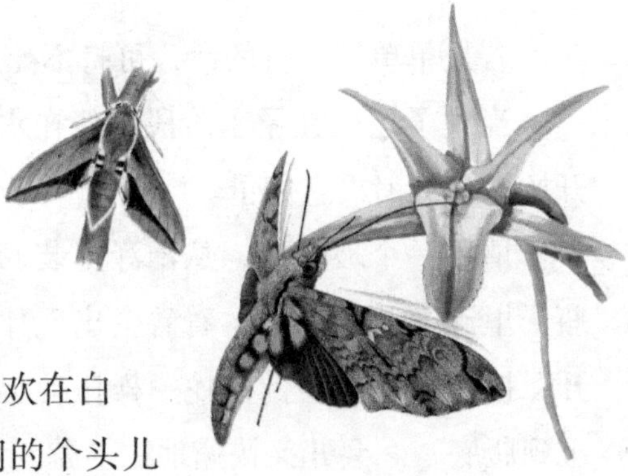

蛾蝶比跳甲虫还要难缠。它们总能在人们不知不觉的时候把卵产在菜叶上。这些卵可以孵化出青虫，大肆地啃食蔬菜的叶和茎。

蛾蝶的破坏性很大，喜欢在白天活动的有大菜粉蝶（它们的个头儿较大，白色的翅膀上长有黑色的斑点）和萝卜粉蝶（模样和大菜粉蝶相似，只是个头儿稍小了点儿）；喜欢在夜间活动的有甘蓝螟（个头儿小，翅膀下垂，身体的前半部呈赭黄色）、甘蓝夜蛾（全身有着灰褐色的茸毛）和菜蛾（个头儿很小，全身呈浅灰色，模样很像织网夜蛾）。

要想打退这股敌人，不需要借助工具，只要一双手。大家只要找到它们的卵，用手捏碎就行了，或是像消灭跳甲虫那样，向蔬菜上撒些炉灰、烟末和熟石灰。

还有一种更加恐怖的敌人，它们会直接向人类发起攻击。

这种敌人就是蚊子。

在死水潭里面，有许多身上长有茸毛的软体小虫来回游动，还有一些很难用肉眼看得清的小蛹儿，它们的头与身子比起来大得离谱，而且头上还长着小角。

这就是蚊子的幼虫孑孓和蚊子的蛹。在这些死水里，还有蚊子的卵，有些粘连在一起，就像小船一样漂浮在水面上，有些则黏附在死水里的草上。

消灭蚊子

若是单单用手打的话，可打不死那么多的蚊子。

当蚊子还处在孑孓阶段，住在水里的时候，科学家们就已经开始想办法消灭它们了。

请用一个玻璃瓶，从沼泽里装回一瓶生有孑孓的水。然后往瓶子里滴上几滴煤油，看看会出现什么现象。煤油会先在瓶里散开，接着孑孓就会像小蛇一样扭动起来，而大脑袋的蛹则一会儿沉到瓶底，一会儿又快速地往上游。

孑孓用尾巴、蛹用小角，拼命地捅着那层煤油膜。

煤油把瓶子的水面封住了，没有留下一丝空隙，所有的孑孓和蛹都被闷死了。人们就是用这种方法及其他方法消灭蚊子的。

在沼泽地带居住的人们，为了不受蚊子的侵扰，他们会往沼泽里倒一些煤油。

每个月只需向这些沼泽里倒上一次煤油，就足以让那里的蚊子绝子绝孙了。

不可思议的事儿

我们这里发生了一件不可思议的事儿。

一个牧童从牧场那边跑了过来，嘴里叫嚷着：

“小牛被野兽咬死啦！”

农场里的人们都很吃惊，挤奶的女工们甚至还哭了起来。

那头被咬死的小牛是我们农场里最好的一头，它还曾在展览会上得过奖呢。

大家都放下了手中的活儿，跑到了牧场上想看个究竟。

小牛的尸体躺在牧场的一个偏远的角落里，那里正处在林子的边缘。小牛的乳房被咬掉了，后颈也被撕碎了，其他的地方倒是好好的。

“这是熊干的，”猎人谢尔盖说，“熊总是这样，咬死猎物后也不吃，直到肉腐烂的时候再来吃。”

“是这样的，”猎人安德烈说，“这是事实。”

“大家都先回去吧，”谢尔盖接着说，“我们在这棵树上搭个简易的帐篷。熊就算今天晚上不来，明天也会来的。”

说到这里，他们才想起来我们这里还有另外一位猎人——塞索伊奇。他的个头并不高，挤在人群里都不显眼。

“难道你不想和我们俩一起守着吗？”谢尔盖和安德烈问道。

塞索伊奇没有回答他们。只见他转身来到了一边，仔细地察看起地面来。

“不对，”他说，“来这里的不是熊。”

谢尔盖和安德烈耸了耸肩，说道：“随你怎么说吧。”

人们都回去了，塞索伊奇也离开了。

谢尔盖和安德烈砍了些树枝，就在附近的一棵松树上搭了个简易的帐篷。

此时，塞索伊奇带着他的猎枪和猎狗又回来了。

他又察看了一下小牛周围的地面，还很神秘地看了几眼周围的几棵树。

然后，他就进了林子。

当天晚上，谢尔盖和安德烈在简易帐篷里守了一夜，熊并没有出现。

他们又守了一夜，熊还是没有来。

第三夜过去了，还是没有什么动静。

两个猎人有些不耐烦了，聊起天来：

“可能塞索伊奇真的发现了什么线索，而我们却没有注意到。还真让他说对了，熊确实没来呀。”

“要不我们去问问他？”

“问熊吗？”

“问熊干吗？当然是问塞索伊奇了。”

“没办法了，也只能去问他了。”

他们去找塞索伊奇，塞索伊奇刚刚从林子里回来。

塞索伊奇把一只大口袋往地上一丢，就擦起自己的枪来。

谢尔盖和安德烈说：

“你的话是对的，熊确实没来。这是怎么回事，你还是告诉我们吧。”

“你们听说过这样的事吗，”塞索伊奇反问道，“熊把牛咬死，只是吃掉了母牛的乳房，而把肉丢下？”

两位猎人对望了一眼，确实，熊是不会这么蠢的。

“你们仔细看过地上的脚印吗？”塞索伊奇又问道。

“看了。脚印比较大，差不多有20厘米宽。”

“那爪印大吗？”

这下两位猎人答不上来了。

“我们没有看见爪印。”

“就是啊。要真是熊的话，肯定能够看到爪印。我想问问你们，什么野兽会在跑动的时候把爪子收起来？”

“狼！”谢尔盖想都没想就脱口而出。

塞索伊奇哼了一声：

“难道你们只知道这些！”

“算了吧！”安德烈说，“狼和狗的脚印差不多，只是大点儿，窄点儿。这是猞猁留下来的。只有猞猁才会在跑动的时候把爪子收起来，所以脚印是圆圆的。”

“不错，”塞索伊奇说，“咬死小牛的正是猞猁。”

“你不是开玩笑的吧？”

“你若不相信，就去看看口袋里的东西吧。”

谢尔盖和安德烈赶紧跑上前，打开口袋一看，里面是一张带有斑点的红棕色的大猞猁皮。

这么说来，咬死小牛的凶手就是它啊！至于塞索伊奇是如何在林子里找到猞猁，并打死它的，恐怕只有他和他的猎狗知道了。可他就是不说，任谁都不知道。

猞猁能够咬死一头牛，这事儿确实有点不同寻常，可在我们这里确实是发生了。

祖国各地无线电大串联

呼叫！呼叫！

这里是列宁格勒《森林报》编辑部。

今天是6月22日，夏至日，是一年中白昼最长的一天。现在我们要和全国各地举行一次无线电大串联。

苔原！沙漠！森林！草原！海洋！大山！都请注意了！

现在正值盛夏，今天又是白昼最长、黑夜最短的一天，请汇报一下你们那里的情况。

请回复！请回复！

北冰洋群岛回电

你们所说的黑夜是什么啊？我们已经忘了黑夜和黑暗是什么样子了。

我们这里的白昼时间最长，24小时都是白昼。太阳虽然有起有落，但却一直都在海平面以上，这样的情况会持续3个月呢！

我们这里充满了光明，地上的小草长得快极了。说它们一天一个样儿都不够，简直是一小时一个样儿，就像童话故事里讲的那样，它们飞快地长着，叶子越来越茂盛，花儿越开越多。沼泽地里长满了苔藓，就连光秃秃的石头上也长满了五颜六色的植物。

苔原睡醒了。

不错，我们这里没有美丽的蝴蝶、漂亮的蜻蜓、机灵的蜥蜴、青蛙和蛇，更没有一到冬天就躲到地下的洞穴里过冬的大大小小的兽类。在我们这里，一年四季都覆盖着厚厚的冰层，就算是盛夏，也只有地表的冰层才会解冻。

大群的蚊子，在苔原的上空嗡嗡地乱飞，但是，我们这里却没有可以制伏它们的突击队——动作敏捷的蝙蝠。它们怎么能在我们这里住得惯呢？要知道，它们只在黄昏和夜晚才出来捕食蚊子啊！但是，我们这里整个夏天都没有黄昏和夜晚。因此，就算它们过来了也不行啊！

在我们这里，野兽的种类不多。只有旅鼠（与老鼠大小差不多，尾巴较短的啮齿动物）、白兔、北极狐和驯鹿。偶尔还能看见从海里游到我们这儿来的北极熊，在苔原上挪动着笨重的身躯找寻着猎物。

不过，我们这里鸟儿很多，数也数不清！虽说在那些太阳照不到的地方还有积雪，但是许多鸟儿还是飞过来了。例如角百灵、

北鹨、雪鹀、鹡鸰等各种鸣禽，还有鸥鸟、潜鸟、鹬、野鸭、雁、管鼻鹱（hù）、海鸟，外形滑稽可爱的花魁鸟及其他各种古怪的鸟儿，也许你们都没有听说过这些鸟儿的名字。

整个苔原上，到处都是喧闹声，就连光溜溜的岩石上都筑上了鸟巢。有些岩石上，数不清的鸟巢一个挨一个。若是岩石上有个小凹坑，哪怕只能容下一枚卵，也能被这些鸟儿做成巢。它们的鸣叫声此起彼伏，就跟进到鸟市一样！若是有猛禽胆敢靠近这些地方，就会遭到一大群鸟儿的攻击，仅凭叫声就能震破它的耳膜，尖嘴也会像雨点般地啄下，它们可不想让自己的孩子受到欺负。

快来瞧啊，我们的苔原上多热闹啊！

你肯定会问："你们那里没有黑夜，鸟兽们在什么时候休息、睡觉呢？"

它们很忙的，几乎没有时间睡觉。稍稍打个盹儿，就又得继续忙活了：有喂孩子的，有筑巢的，有孵卵的，个个都忙得不可开交。因为，我们这里的夏天很短暂。

至于睡觉的事情，还是到冬天再说吧！那时候可以把全年的觉都补回来。

中亚细亚沙漠回电

我们这里的情况恰好相反，大家都在睡觉呢！

在我们这里，地上的草木都被毒辣的太阳晒枯了。我们已经记不清最近的那场雨是什么时候下的了。但奇怪的是，还有一些植物没有枯死。

带刺的骆驼草，有半米那么高，可它的根却能穿过灼热的土地，扎到五六米深的地下去。这样一来，它就能吸取到土壤深处的水。其他幸存的灌木和草，都不长叶子，浑身长着绿色的细毛，这样可以减少体内水分的蒸发。在我们这片沙漠里，还有一种叫作梭梭的矮树，它们除了细细的枝条，竟然没有一片叶子。

沙漠里狂风，可以把大量干燥的沙尘卷到半空中，就像乌云一样，连太阳都被遮住了。突然，一阵令人毛骨悚然的喧嚣声、嘶嘶声响了起来，就像是成千上万条蛇在叫一样。

不过，这可不是真正的蛇在叫，而是梭梭树在狂风刮来时，细枝像鞭子似的乱抽而发出的嘶嘶声。

至于蛇嘛，这会儿正在睡大觉呢！金花鼠和跳鼠最害怕的草原蚺（rán）蛇，这会儿也钻到沙子底下睡着了。

那些小动物们也在睡觉。细长腿的金花鼠，用泥土堵住了自己的洞口，防止阳光射到洞内，整天躲在里面睡觉，它们只在清晨出去找些吃的。这个季节，它们需要跑很远的路，才能找到一棵没被晒枯的小植物！于是，黄色的金花鼠索性钻到地下不出来了。它准备好好睡上一觉：夏天、秋天、冬天都睡过去算了，直到第二年春天再出来活动。一年之中，它只出来活动三个月，剩下的时间都在睡觉。

蜘蛛、蝎子、蜈蚣、蚂蚁等，为了躲避太阳的暴晒，有的躲在石头下，有的藏在太阳照不到的沙子里，只有到了夜里才出来逛逛。动作敏捷的蜥蜴和行动缓慢的乌龟也都藏得不见踪影了。

为了能够离水源近一些，野兽们都把家搬到了沙漠的边缘地带。鸟儿们早已孵出了小鸟，带着它们飞走了。只有山鹑还待在这里，它们飞得很快，可以轻松地飞过100多公里，来到最近的小河边，自己在喝饱以后，还能在嗉（sù）囊内装满水，快速地飞回巢里给小山鹑喝。这么远的路程，对它们来说虽然算不上什

么，但是，只要小山鹑一学会飞行，它们就会马上离开这个恐怖的地方。

只有我们苏维埃人不怕沙漠。我们可以借助先进的技术，在适合的地方开沟凿渠，将远处高山上的水引来灌溉，让死气沉沉的沙漠变成绿色的田野和牧场，开辟出葡萄园和其他果园。

沙漠里人烟稀少，风是这里的统治者，也是人们所要面对的头号劲敌。它能够搬动干燥的沙丘，掀起滚滚的沙浪，驱赶着它们扑向人们的农场，把房屋都掩埋起来。但是，我们却不会对它产生丝毫畏惧：人们与水和植物结成了同盟，给风划定了一个不能通过的界线。在有人工灌溉的地方，人们植树造林，树木一道道铜墙铁壁似的站立着，青草将自己的根深深地扎入沙土之中，牢牢抓住沙粒。这样的话，沙丘就无法移动了。

确实，沙漠的夏天和苔原上的夏天一点儿也不像。在白天的时候，火热的太阳让所有的动物都在睡大觉。只有到了漆黑的夜里，那些饱受阳光折磨的动物们，才敢出来透透气。

请回复！请回复！

乌苏里大森林回电

我们这里的森林比较特别：既不像西伯利亚的大森林，也不像热带雨林。这里生长的有枞（cōng）树（冷杉）、落叶松和云杉，还有爬满了带刺的葎（lǜ）草和野葡萄藤的阔叶树。

这里生活着的野兽有：驯鹿、印度羚羊、普通棕熊和西藏黑熊、黑兔、猞猁猻、老虎、豹子、棕狼和灰狼等。

鸟类有：毛色素净的灰松鸡和毛色艳丽的野雉，苏联灰雁和中国白雁，普通野鸭和栖息在树上、毛色亮丽的鸳鸯，还有长嘴白头的白鹮（huán）。

白天，大森林里又闷又暗。宽大的树冠就像一顶绿色的大帐篷，阳光根本就照不进来。

这里不仅晚上是一片漆黑，白天也是一片漆黑。

现在，这里的鸟儿们要么是在孵卵，要么是在哺育幼鸟。各种野兽的孩子也都长大了，正在学习捕食呢。

库班草原回电

我们这里，平坦的农田一望无际，农场的收割机和马拉的收割机正忙着收割庄稼。今年是个丰收年，获得丰收的玉蜀黍已经装到火车上运往莫斯科和列宁格勒去了。

老鹰、雕、兀鹰和游隼，正在收割完庄稼的农田上空盘旋。现在，它们终于可以好好地惩治一下那些爱偷庄稼的小贼——老鼠、田鼠、金花鼠和腮（sāi）鼠了。现在农田一览无余，即便隔得很远，但只要这些小贼们从洞中探一下头它们也能发现。

在庄稼正在生长的时候，这些可恶的小贼不知偷吃了多少粮食啊！想想就觉得不可思议！

现在，它们正在收集农田里散落的麦粒，储存在自家的地下粮仓中，供它们冬天食用。和猛禽们相比，野兽们也不甘落后：狐狸正在这片光秃秃的麦田里猎捕鼠类，白色的草原鸡貂更是帮了我们的大忙，它们无情地消灭了一些啮齿类的动物。

阿尔泰山回电

低洼的盆地闷热而潮湿。清晨的露水在夏日的阳光下，很快就被蒸发掉了。晚上，浓浓的雾气笼罩着草地，水汽上升，把山坡打得湿漉漉的。水汽遇冷就会凝结成白云，飘荡在山顶。在太阳升起之前，山顶上一直都是云雾缭绕的。

白天，在太阳的照射下，这些水蒸气就会凝结成水滴，这时就又乌云密布，下起雨来。

山上的积雪开始融化了。但是在那些极高的山峰上，积雪一年四季都不会消融。那里有大片的冰原、冰河，天气也异常寒冷，即便是中午最毒的阳光也不能融化那里的冰雪。

可是，山顶之下，雨水和消融的雪水，汇成一条条小溪，从山坡上奔流而下，又从峭壁上直泻下来，形成瀑布，一直流入大河里面去。这时河水就会暴涨，漫出河岸，在盆地里四处泛滥。

在我们这里的山上，什么都有：山脚下有大森林；往上走有肥沃的高山草场——一种独特的高山草原；再往上走是一片苔藓和地衣，看上去与遥远的、寒冷的苔原很像；到了山顶，就又变成了冰雪的世界了，那里和北极一样，永远都是冬天。

在这种地方，既没有飞禽的踪迹，也没有野兽出没。只有勇猛的雕和兀鹰才会偶尔到这里歇歇脚，凭借着犀利的眼神，搜寻着猎物。但是，山顶之下就不一样了，就像是一座多层的住宅楼一样，各种动物都选择了适合自己的楼层居住。

最高的一层上，只有光秃秃的岩石，雄野山羊就住在这里。在它下面那一层，住着雌野山羊和小野山羊，还有和雌火鸡大小差不多的山鹑。

在肥沃的高山草场上，住着一群长着直直的尖角的山绵羊——羱羊，它们很喜欢吃这里的草。雪豹是为了猎食它们尾随到这里来的。此外，这里还是肥壮的旱獭和大量鸣禽的聚居地。再往下面走，就是大森林了，这里住着松鸡、雷鸟、鹿、熊等动物。

以前，人们只在盆地里种植麦子。现在，耕地正在慢慢地向山上延伸。在那里，我们就不能再用马拉犁耕地了，而是用一种高山上的长毛牛——牦牛来帮我们耕作。我们投入了大量的劳力，就是为了能够获得最大的收获，我们一定能够达到目的！

请回复！请回复！

海洋回电

我们伟大的祖国，与三个无边无际的大洋毗邻：我们的西面是大西洋，北面是北冰洋，东面是太平洋。

我们乘船从列宁格勒起航，横渡芬兰湾和波罗的海，就来到了大西洋。在那里，英国、丹麦、瑞典、挪威等国家的船只都很常见，既有商船，也有邮船和渔船。渔船在这里捕捞鲱鱼和鳘（mǐn）鱼（鳕鱼）。

我们从大西洋来到北冰洋。沿着欧亚两洲的海岸线，有一条北上的航线。这里是我们的领海，这条航线是我们俄罗斯勇敢的航海家们开辟的。以前，人们觉得这里到处都是坚冰，人到了这里随时都有可能丧命，这条航线是无法打通的。但是现在，航线开辟了，我们的船只已经可以在破冰船开路的情况下，沿着这条航线航行了。

在这片人烟稀少的地方，我们见证了许多奇迹。刚开始的时候，我们遇到了大西洋的赤道暖流，接着又遇到了漂浮的冰山，它们在阳光的照耀下熠熠生辉，刺得我们都睁不开眼了。我们还在那里捉到了许多鲨鱼和海星。

再往前走，这股暖流又折向北方，朝着北极流去。此时，我们已经能够看到大片的冰原了，它们在水面上分分合合，缓慢地

移动着。我们的飞机在上空勘察着航道，随时向船只报告哪里没有冰原的阻挡。

在北冰洋的众多岛屿上，我们目睹了数不清的大雁正在换毛，身体十分虚弱。由于翅膀上的翎毛都脱落了，它们根本就飞不起来，人们只需把它们围住，就能轻易地将它们赶进网中。接着，我们看到了长着獠牙的海象，它们从水里钻了出来，趴在浮冰上休息。我们还见到了各种长相奇特的海豹。其中有一种名叫冠海豹的，它们的头上有个皮囊，只要它们愿意，瞬间就能把皮囊吹鼓，看上去就像戴了顶头盔似的。我们还看到了满口尖牙，非常厉害的逆戟鲸。它们动作敏捷，喜欢猎食其他鲸鱼和它们的幼崽。

不过，关于鲸鱼的话题，还是等我们到了太平洋再说吧，那里的鲸鱼种类更多一些。

这次的全国无线电大串联就先到这里，我们下次再见！

下次通报，将在 9 月 22 日举行。

7月21日~8月20日
太阳进入狮子宫

No.5

雏鸟出生月

（夏季第二月）

一年：太阳在 12 个月内谱写的乐章

7 月——正值盛夏时节。太阳正不知疲倦地拾掇着这个世界。它让稞麦深深地低下了头颅致敬，它为燕麦穿上了长衫，而荞麦却连件衬衫都没有穿。

绿色植物正充分吸收着阳光，努力让自己的身体健壮起来。成熟的稞麦和小麦就像一片金色的海洋，只要我们把它们收割储藏起来，足够我们吃一年的！我们为牲畜储备了干草，一片片的牧草都被割倒了，堆起了一垛垛的干草垛。

鸟儿们的话儿越来越少了，它们现在已经无暇唱歌了。每个鸟窝里都有了雏鸟。这些雏鸟孵化时，浑身赤裸裸的，没有羽毛，眼睛也睁不开，它们需要父母长时间的照顾。现在，地上、水中、森林里，甚至在空中，到处都是雏鸟可以吃的食物，不争不抢这些小家伙们也不会饿肚子！

森林里，长满了鲜美多汁的果子，像草莓、黑莓、大覆盆子和醋栗等。在北方，有金黄色的桑悬钩子；在南方，有樱桃、杨梅和甜樱桃。草场已经脱掉了金黄色的外衣，换上了缀满野菊的花衣裳，野菊的白色花瓣可以将灼热的阳光反射出去。在这个季节，可不敢和光明的使者——太阳开玩笑，它的爱抚完全可以灼伤天下万物！

森林里的“小朋友”

谁的孩子多

在罗蒙诺索夫城外的大森林里，住着一位年轻的驼鹿妈妈，今年它生下了1只驼鹿宝宝。

白尾雕也住在这片森林里，它窝里有2只小白尾雕。

黄雀、燕雀和鸫鸟，都孵出了5只雏鸟。

歪脖鸟孵出了8只雏鸟。

长尾山雀孵出了12只雏鸟。

灰山鹑孵出了20只雏鸟。

在刺鱼的窝里，有100多粒鱼卵，而每粒鱼卵都可以孵出1条小刺鱼。

一条鳊鱼一下子可以孵化出几十万条小鱼。

一条鳘鱼的孩子更多，它一次可以孵化出好几百万条小鱼呢！

细心的妈妈

话又说回来了，驼鹿妈妈和所有的鸟妈妈们，在照顾自己的孩子时是很细心的。

驼鹿妈妈为了它的独生子女，随时都愿意牺牲自己的生命。就算是熊想攻击它们，它也会前后蹄并用，乱踢乱蹬。这一顿踢打，就够熊受的了，下次说啥它也不敢再打小驼鹿的主意了。

有一次，我们的记者在田野里碰到了一只小山鹑，它从他们

的脚边跳了出来，又一溜烟儿蹿到草丛里躲了起来。

我们的记者刚一捉住它，它就拼命地啾啾大叫起来。这时，山鹑妈妈忽然冒了出来，也不知道它是从哪里钻出来的。它看见自己孩子被捉以后，就咯咯地叫着扑了过来。然后摔倒在地，耷拉着翅膀。

我们的记者还以为山鹑妈妈受伤了呢，就赶紧丢下小山鹑去捉它。

山鹑妈妈在地上一瘸一拐地走着，只要一伸手就能捉住它了。可是刚一伸手，它就闪到了一旁。我们的记者就追着它一直跑。突然，山鹑妈妈扑腾了一下翅膀，从地上飞了起来，竟然若无其事地飞走了。

当我们的记者回来找小山鹑时，连个影子都没见着。原来，山鹑妈妈是为了救孩子，才故意装成受伤的样子，吸引我们的记者去抓它，好让小山鹑逃走的。它对自己所有的孩子都很关心，因为它的孩子只有 20 个呀。

鸟儿工作的时间

夜色刚刚退去，鸟儿们就开始工作了。

椋鸟每天要工作 17 小时，家燕每天要工作 18 小时，雨燕每天要工作 19 小时，而红尾鸲（qú）每天工作的时间竟然有 20 多个小时。

我观察过，这些数据都是真的。

它们不这么拼命地工作不行啊！

为了喂饱自己的孩子，鸟儿们每天必须无数次往返于觅食处与窝巢之间，雨燕得 30 ～ 35 次，椋鸟大概是 200 次，家燕则有 300 次，红尾鸲更是多达 450 次！

仅仅一个夏天，被它们消灭掉的森林害虫和幼虫，多得根本就数不过来！

这些鸟儿真是太勤劳了！

驻森林记者　尼·斯拉德可夫

海鸥的地盘

在一个小岛的沙滩上，有许多小海鸥，它们住在那里避暑。

到了晚上，它们就会飞到小沙坑里睡觉。一个小沙坑里可以睡三只。沙滩上布满了这样的小沙坑，那里就是它们的地盘。

在白天，小海鸥在大海鸥的带领下，学习飞行、游泳和捕捉小鱼。大海鸥在教孩子们的时候，还会做好警戒，保护孩子们的安全。

若是有敌人来袭，大海鸥们就会结成群飞起来，扑向它们的敌人。这架势，无论谁见了都会害怕。就连海上的霸主白尾雕，也要落荒而逃。

雌雄倒置

我们收到一些来自祖国各地的信件，他们向我们描述了一种非常奇怪的小鸟儿。在这个月，很多人在莫斯科附近、阿尔泰山区、卡马河畔、波罗的海、雅库梯以及哈萨克斯坦等地，都发现了这种鸟儿。它们很可爱，又非常漂亮，与城里喜欢垂钓的年轻人买的那种鲜艳的浮标很像。这种小鸟儿不怎么怕人，就算你离它只有五步远，它们也不会吓得飞走，仍然会在你的面前游来游去。

在这个季节，其他的鸟儿都待在家里生儿育女。但是，它们却组起了团，正在周游全国呢。

令人惊奇的是，这些毛色鲜艳的鸟儿全是雌鸟。而其他的鸟儿，都是雄鸟的毛色比较鲜艳。这种鸟正好相反，雄鸟的毛色灰灰的，雌鸟的毛色则是绚丽多彩。

更奇怪的是，这种雌鸟从来就不管自己的孩子。在北方遥远的苔原上，雌鸟在小沙坑里产过卵以后，就飞走了！只留下雄鸟孵卵，哺育小鸟，保护小鸟。

这简直就是雌雄倒置！

这种鸟儿就是蹼瓣鹬，是鹬的一种。

它们分布的地区也很广，今天若是在这里见到它们了，明天或许还会在别处见到。

林中逸闻

凶残的幼鸟

体形纤小的鹡鸰妈妈，在巢里孵出了6只光溜溜的小鸟儿。其中五只长得都挺像，另外一只则长得像个丑八怪。它身上的皮肤十分粗糙，青筋毕现，脑袋大大的，眼皮耷拉着，眼睛暴突着。它一张嘴，准能吓你一跳，这哪里是鸟嘴啊，简直是一张食肉动物的血盆大口呀！

它在出生后的第一天，待在窝里还比较老实。只有在鹡鸰妈妈带着食物回来时，它才会抬起自己沉重的大脑袋，吃力地张开大嘴，好像在说："我要吃饭。"

到了第二天，迎着凉凉的晨风，鹡鸰夫妇都出去找食物去了。这时，丑八怪开始行动了！只见它低下头，抵住巢底，将两腿叉开，慢慢地往后退。

它的屁股顶到一个小兄弟后，就使劲地往这个小兄弟的身下钻。然后它将光秃秃的弯翅膀往后一伸，像钳子一样，把这个小兄弟紧紧地夹住，扛到自己的背上，接着往后退，直到巢的边缘。

这个小兄弟太弱小了，眼睛还没睁开，只能躺在它背上的凹陷处来回挣扎，活像是掉到了汤勺里。这个丑八怪用头和腿抵着巢底，把背上的小兄弟慢慢地抬了起来，直到和巢的边缘一样高。

这时，丑八怪攒足了劲儿，屁股猛地一撅，就把小兄弟扔到巢外边去了。

要知道，鹡鸰的巢都筑在河边的悬崖上。

只听“啪”的一声，那个可怜的、光溜溜的小不点儿，就这么跌到石头上摔死了。

这个凶残的丑八怪自己也险些掉下去。只见它的身子在巢边上晃了一会儿，这也多亏了它那个沉重的大脑袋，才让它又跌回到了巢里。

它这个邪恶的行动，从开始到完成，仅用了两三分钟而已。

干了这么一件可怕的事情，它可能是累了，只见它趴在巢里一动不动，足足歇了 15 分钟。

看见鹡鸰夫妇回家了，那只丑八怪像往常一样伸长了青筋突出的脖子，抬起沉重的大脑袋，耷拉着眼皮，若无其事地张开了大嘴巴，大叫着：“我要吃东西！”

吃饱歇足后，它又邪恶地瞄向了另一位小兄弟。

这个小兄弟可没那么好对付，它拼命地反抗着，好几次都从丑八怪的背上逃脱了。但是，丑八怪才不会这么轻易地放过它呢。

5 天过去了，丑八怪终于睁开了双眼，现在窝里只剩它一个了。它的 5 个小兄弟全被它扔到巢外摔死了。

12 天后，它身上长出了羽毛。这个时候，真相才显露出来。原来，这对鹡鸰夫妇养育的是被杜鹃抛弃的孩子，它们可真是倒霉透了！

但是，小杜鹃的叫声很可怜，像极了它们那些死去的孩子！它还抖动着翅膀，向鹡鸰夫妇乞求着食物，很惹人怜爱。纤小的鹡鸰夫妇不忍心拒绝它的哀求，总不能丢下它，把它活活饿死吧！

它们夫妇俩为了喂饱这只丑八怪，每天都是从早忙到晚，自己都很少有吃饱的时候。找到了肥壮的青虫，它们需要将自己的头伸进丑八怪那张血盆大口中，才能把食物送到那贪得无厌、无底洞似的喉咙里去。

它们夫妇一直忙到秋天，才能把小杜鹃养大。杜鹃长大后就飞走了，再也没有回来看过养育它的父母。

浆　果

形形色色的浆果都熟透了。人们都在果园里忙着采摘树莓、茶藨子和醋栗。

在树林里也能采到野生的树莓。树莓是一种丛生的小灌木，茎很容易折，若是从树莓丛中走过，很容易把它的枝条碰折，脚踩在断枝上会发出一阵噼里啪啦的响声。不过，这不会对树莓造成什么损失。这些挂着浆果的枝条，是不能过冬的。快看啊，这是它们的后代。无数鲜嫩的枝条，从地下的根上长了出来。这些枝条毛茸茸的，浑身都是刺儿。到了明年夏天，就该轮到它们开花结果了。

在采伐迹地的灌木丛和草丛旁，越橘就要成熟了，果子的一侧已经泛红了。

越橘是一种小灌木，它的果实一簇一簇地长在枝条的顶端。有几棵越橘结的果子又多又大，沉甸甸的，把树枝都压弯了，眼看就要坠到地面的苔藓上了。

一看到这些小灌木，我就想挖一棵移植到自己家中。若是用心培育一番，结的果子会不会更大呢？但是，如果不能给它创造自由自在生长的条件，成功的概率几乎是零。越橘非常有趣，它的果子能保存一个冬天。在吃之前，只需用开水一冲，或是捣碎，果汁就会自动流出来了。

为什么越橘能够长期储存而不会坏掉呢？这是因为它自身有一种保鲜功能，它体内含有少量的苯甲酸，可以有效地防止浆果腐烂。

尼·巴甫洛娃

猫奶妈养大的兔子

今年春天，我们家的母猫生了几只小猫儿，后来小猫儿全都被别人领养走了。有一天，我们在树林里捉到一只小兔子。

我们把小兔子放在猫妈妈的身边。猫妈妈的奶水还很足，它也很乐意喂小兔子。

于是，小兔子就吃着猫妈妈的奶长

大了。它们俩处得很好，就连睡觉时都在一起。

更可笑的是，猫妈妈还教会了小兔子如何跟狗打架。只要有狗跑到我们家的院子里，猫妈妈就会扑上去，非常生气地用爪子挠它。小兔子也会跟过来，举起两只前腿擂鼓似的猛打，打得狗毛漫天飞舞。邻居们的狗都怕我们家的猫和它养大的兔儿子。

瞒天过海

一只大鹞发现了一只琴鸡和它身后一群黄绒绒的孩子们。

它在心里想：这回我可要美美地大吃一顿啦！

它看准了猎物，正想俯冲下去，却被琴鸡妈妈发现了。

只听琴鸡妈妈一声鸣叫，所有的小琴鸡转眼间都消失了。大鹞在那儿东张西望，愣是一只都没看到，它们好像一下子都钻到地下去了。这还有什么办法呢，鹞只能找别的东西吃了。

琴鸡妈妈又叫了一声，黄绒绒的小琴鸡们就都跳了出来。

原来，它们哪儿也没躲，只是躺到了地上而已。它们身子紧

紧地贴着地面，在半空中俯视，任谁也不能将小琴鸡与树叶、青草和土块区别开！

凶狠的花儿

一只蚊子在林间的沼泽地上飞了很长时间，它有些累了，就想找个地方歇歇脚，喝点儿什么。它找到了一朵花儿：绿色的花茎，茎的上面挂着一只白色的小钟儿，下面是一片片紫红色的圆叶子，围在茎的周围。圆叶子上生着茸毛，上面还有晶莹的露珠儿在闪烁呢！

这只蚊子就落在了一片叶子上，伸出嘴去吸露珠儿。可是，露珠儿却黏糊糊的，把蚊子的嘴巴给粘住了。

忽然，叶子上的茸毛竟然动了起来，就像触手一样伸过来捉住了蚊子。小圆叶子也合拢了，把蚊子裹在里面看不见了。

又过了一会儿，叶子重又张开了，那只蚊子只剩下一具干瘪的躯壳了，它的血竟然被花儿吸光了。

这种凶狠的花儿叫作毛毡苔，它们非常喜欢捕食小虫儿。

不靠风和鸟，水流来帮忙

我给大家介绍一种植物——景天，它们现在已经过了开花的时间了。我非常喜欢这种植物，尤其是它那肥厚的、鼓鼓的灰绿色的小叶子，密密麻麻地长在茎上，把茎遮得严严实实的，都看不到茎在哪儿了。景天的花很漂亮，就像色彩绚丽的小五角星一样。

这个时候，景天的花儿已经谢了，果实都长出来了。果实扁扁的，也是五角星状。这些果实闭合得很紧，但这并不意味着它们没有成熟。在晴天的时候，景天的果实本来就一直是紧紧地闭着的。

现在，我有办法让它们张开，只需从小水坑里取些水就行了，而且一滴就够了。把这一滴水滴在小五角星的中间位置，你就会看到果壳慢慢地张开了。看吧！种子露出来了。景天的种子可不像其他的植物那样怕水冲，反而很欢迎水来冲。要是我们再滴上两滴水，种子就会顺着水掉下来。然后水会带着这些种子，把它们散播到别的地方去。

景天传播种子靠的不是风，不是鸟，也不是其他动物，而是水。我曾经见过一棵景天，它长在陡峭的岩石缝里。它是怎么到那么高的峭壁缝里去的呢，就是跟着雨水流过去的。

尼·巴甫洛娃

小矶凫学潜水

一次，我到湖里去洗澡，看见一只大矶凫（jī fú）在教小矶凫潜水，见了人如何躲开。大矶凫就像只船儿一样漂在水面上，小矶凫则在潜水。小矶凫刚钻进水里，大矶凫就会游过去，在那里东张西望的。它们一直潜在水下，最后在芦苇丛旁钻出了水面，游到芦苇丛中去了。这时，我才开始洗澡。

驻森林记者　谢辽沙·波波夫

别致的果实

老鹳草是长在菜地里的一种杂草，它结的果实很别致。这种植物长得并不漂亮，蓬松松的，摸上去还很粗糙，开的花是紫红色的，也很一般。

现在，它的一部分花儿已经凋谢了，每个花托上都多了个鹳嘴似的东西。原来，这是五粒尾部长在一起的果实，很容易就能把它们分开。这就是老鹳草的种子，长得真别致。上面尖尖的，下面拖着条毛茸茸的小尾巴。尾巴尖儿弯弯的，就像一把镰刀，底部则扭成了螺旋状，只要遇潮就会伸直。

我将一粒果实捂在两只手掌中间，对着掌缝哈了一口气。它果然转动了起来，挠得手心痒痒的。再一看，种子底部的螺旋展开了，变成直的了。

它们为什么要这样做呢？原来，当种子脱落到地上时，它们会用那镰刀似的小尾巴勾在小草身上，方便自己扎根生长。天气潮湿的时候，底部的螺旋就会旋开，尾巴尖上的种子就能借着旋转的劲儿钻进土里去了。

种子要是想出来的话可不行，因为它的芒刺是往上翘的，顶着上面的泥土，不让它出来。

实在是太别致了！它们竟然可以想办法把自己播种到土里去！

在没有湿度计的时候，人们就利用这种草来检测空气的湿度。因此，大家可以想象一下，这种植物种子的小尾巴灵敏度该有多高啊！人们若是将这种种子固定好，它的小尾巴就像湿度计上的指针一样，来回摆动，指出空气的湿度。

尼·巴甫洛娃

小 䴙 䴘

我正沿着河岸散步，看见河水里有一种小鸟，有些像小野鸭，但又不像，与其他的鸟类也不像。这时，我就想：这是什么鸟啊？野鸭的嘴应该是扁平的啊！可是这种鸟的嘴却尖尖的。

我赶紧脱掉衣服，游过去捉它们。它们敏捷地躲开了我的追捕，游到了河的对岸。我又追了过去，就在我快要捉住它们的时候，它们却又游回到河的这边来了！我再回头去追，它们再次逃开了。它们就这样引着我顺流而下，可把我累坏了，差点爬不上岸。到最后，我筋疲力尽也没能捉到一只！

后来，我又看见它们几次。不过，我可没敢再下水去捉它们。原来，它们真的不是野鸭，而是小䴙䴘（pì tī）。

驻森林记者　阿·库罗奇金

请爱护森林

森林里枯死的树若是遭到雷电的袭击，那可就麻烦了！若是有人不注意，在森林里扔下一根没有完全熄灭的火柴，或是没有将篝火踩灭，那也是要出大事的！

火苗会像一条条的细蛇，从篝火堆里爬出来，然后钻进苔藓和干枯的树叶中。它会忽然间从枯叶堆中钻出来，舔一下灌木丛，然后再向另一堆干枯的树枝跑去……

此时要当机立断，千万不能拖延，这可是林火啊！当火势小的时候，个人的力量还能扑灭。赶紧折下一些带叶子的树枝，照着火苗扑打！千万不能让火势扩散！把你附近的伙伴全都找来帮忙！

如果你的身边有铁锹或是结实的木棍，就能挖点土，用混着草皮的泥土把火扑灭。

如果火苗从地上跑到了树上，又从这棵树跑到了另一棵树上，那这场林火可就变大了。赶紧发出警报，喊人来救火吧！

林间大战（续前）

我们的记者已经赶到第三块采伐迹地了。10 年前，伐木工人们曾在这里砍伐过树木。现在，这块采伐迹地是白杨和白桦的地盘。

作为胜利者，它们决不允许其他植物到自己的地盘撒野。每年春天，虽然青草们很想从土里钻出来，但是在那顶阔叶织成的绿色帐篷下，很快就会窒息而死。云杉每隔两三年都会结一次种子，每次都有一部分种子空降到采伐迹地上。不过，那些云杉种子没有一棵能长成的，全都被白杨和白桦折磨死了。

小白杨和小白桦都在争分夺秒地生长着，它们的枝叶密密麻麻地在半空中铺展开。渐渐地，它们觉得太挤了，于是它们之间发生了争斗。

每棵小树都想抢到更多的生存空间，它们都是越长越宽，使劲地排挤着自己的邻居。在整片采伐迹地上，它们你推我，我挤你，战争一触即发。

高大强壮的树木，凭借着先天的优势打倒了孱弱的树木。因为它们的根非常粗壮，枝条也伸得更远。这些强壮的树木在长大之后，它们就把自己的枝条从旁边小树的头上伸过去，把对方遮得严严实实的，不让它们见到阳光。

最后一批孱弱的小树也死在了遮天蔽日的树荫下。矮小的青草虽然能从土里钻出来了，但是，大树已经不再畏惧它们了。就让它们在脚下生长吧，这样还能暖和一点儿。但是，胜利者的后代——它们的种子，在落到这个潮湿阴暗的地牢里以后，全都闷死了。

不过，云杉可没有轻易地放弃，它们每隔两三年，还会把自己的种子空投到采伐迹地上。胜利者们对这些小东西，都懒得多看一眼！它们高傲地想：它们根本就不能把我怎么样！就让它们在那阴暗的地牢里折腾吧。

很快，小云杉找到机会出土了。这里的环境既潮湿又阴暗，日子并不好过。它们只能得到一点阳光，长得又细又弱。

不过，在这里也有好处，风儿没有办法欺负它们了，更不会把它们连根拔起了。暴风雨来袭时，虽然白杨和白桦都被刮得东倒西歪，口里还喘着粗气，但是它们这里却很安全，根本就不用担心。

地面上不但可以吸收到充足的营养，还很暖和。小云杉待在这里，不像待在空旷的林地上那样，要忍受春季早霜和冬季严寒的侵袭。到了秋天，白杨和白桦的落叶，堆在地上腐烂以后，会发出热来，野草也能发热，供小云杉取暖。它们需要忍耐的，只是这座地牢里常年的昏暗。

好在小云杉并不像小白杨和小白桦那样喜爱阳光，即便是在昏暗的环境中，它们仍能顽强地生存下去。

我们的记者对它们非常同情。后来，他们又去了第四块采伐迹地。

我们正等着他们的后续报道。

农场纪事

收获的季节到了。我们农场里的黑麦田和小麦田就像一片无边无际的大海。麦子长得高高的，麦穗既饱满又壮实。人们经过辛勤的劳动，才得到了这些硕果。不久之后，这些麦粒将会汇成一股股的金色洪流，涌入国家和农场的粮仓之中。

亚麻也成熟了，场员们都在忙着收割亚麻呢！我们是用机器收割的，这可比手快多了！妇女们跟在机器的后面，将倒下的亚麻捆起来一排排放好，然后再堆成垛，一垛十捆。没过多久，亚麻田里就堆满了亚麻垛，就像一队队的士兵似的。

山鹑只好带着自己的妻儿，从秋播的黑麦田里搬到春播的田地里去了。

场员们开始收割黑麦了。壮实的麦子，在收割机的铁齿钢牙下，一片片地倒了下去。男人们把它们捆起来，堆成垛。一个个麦垛站在田地里，像极了运动场上等候接受检阅的运动员队列。

菜地里，胡萝卜、甜菜和其他蔬菜也成熟了。人们把这些蔬菜运往火车站，然后再运到城里去。这些日子里，城里的人们就能吃到新鲜可口的黄瓜，喝到甜菜做的红菜汤，吃到胡萝卜馅饼啦！

农场里的孩子们都跑到林子里采摘蘑菇、成熟的树莓和越橘。最近，只要有榛子林的地方，就能看到一群群的孩子，赶也赶不走。他们装榛子的口袋都装不下了，还不舍得离开。

现在的大人们，可没时间去采榛子。他们得忙着收庄稼、打亚麻，还得赶紧把田地耕完，再用机器耙上一遍。因为，再过不久就得播种秋播作物了。

农场新闻

“红星”农场的麦田里传来了消息。禾谷作物们汇报道：“我们这儿一切顺利。庄稼已经成熟了，在不久的将来，我们就能把它们播到地里了。你们不要再为我们担心了，甚至也不用来看望我们了。没有你们的帮助，我们也能应付。”

农场的人们听到后笑了起来，说道：

“这样不行吧！不到田里去看可不成！这个时候可是农忙时节啊！”

联合收割机开到了田里。它可是个全才：收割、脱粒、簸扬，它一人全部承担了。联合收割机开到田里的时候，黑麦长得比人还要高。可当它从田里开出来的时候，就只剩下矮矮的麦秆。联合收割机交给人们的是非常干净的麦粒。人们只需把麦粒晒干，装进麻袋里，运去交给政府就行了。

变黄的田地

我们的记者来到了“红旗”农场采访。在那里，他看到农场里有两块马铃薯田。其中比较大的那一块，呈深绿色；另一块地较小，已经变黄了。第二块田里的马铃薯茎叶枯黄，好像就要枯死了似的。

我们的记者想要搞清楚这是怎么回事。后来，他寄回了这样的一份报道：昨天，一只公鸡跑到了变黄的马铃薯田里，刨松了田里的土，还召唤来好几只母鸡，请它们食用新鲜的土豆。一位妇女看见后，就笑着对同伴说：

“快瞧啊！公鸡可是第一个过来抢收我们这些早熟的马铃薯的。它怎么知道我们明天就要开始收获这块地里的马铃薯了呢？”

从这里我们可以知道，马铃薯的茎叶一旦变黄，就说它们已经熟了。这块面积较小的田地种的就是早熟的品种。那块面积较大的，还呈绿色的田里的马铃薯，是晚熟的品种，还得过一段时间才能成熟呢。

林中简讯

在农场的树林里，第一朵白蘑从土里钻了出来。它长得非常壮实、肥硕！

它的帽子上有个小坑儿，周围全是湿漉漉的穗子，上面还沾了许多的松针。白蘑四周的泥土是被它拱起来的。只要挖开这些土，就能从中找到许多大小不一的白蘑。

狩　猎

现在，幼鸟还没有长大，也没有学会飞行，那该如何狩猎呢？更何况，在这个季节，法律上也是禁止猎取小鸟、小兽的。

不过，在夏天里，那些专门猎食小动物的猛禽和危害人们安全的野兽，按照法律规定是可以打的。

夜半惊魂

夏季的夜晚，若是你在屋外，就能听到从林子中传来的怪声，时而“咕咕”大叫，时而“哈哈”大笑，直让人汗毛倒竖，止不住地害怕。

有时，在阁楼里或屋顶上，也会传出“咕咕”的大叫声，似乎有人躲在黑暗里瓮声瓮气地叫唤着：“走吧！走吧！大祸临头……”

接着，在黑漆漆的夜色里，有两个绿莹莹的光点亮了起来，那是一对邪恶而又歹毒的眼睛。然后就是一个黑影子，悄无声息地从你眼前闪过，几乎是贴着你的脸飞过去的。这怎能不叫人害怕呢？

正是由于这种恐惧，人们才不喜欢和猫头鹰打交道的。树林里的猫头鹰，一到夜里就会狂笑起来，声音异常尖锐刺耳。而栖息在人类屋顶的猫头鹰，还会用一种很不吉祥的声音，向人们发出召唤:“快走！快走！”

即便是在白天，一只长着巨大的黄眼睛的脑袋，忽然从黑漆漆的树洞里探出来，钩状的喙还发出吧嗒吧嗒的响声，也能吓人一大跳。

若是在夜半时分，家禽中出现了骚乱，像鸡啊、鸭啊、鹅啊等，在窝棚里不停地乱叫，到了第二天早晨，主人要是发现家禽不够数了，他一定会把这个罪名安到猫头鹰的头上。

白天的抢劫案

不光是晚上，就算在白天，猛禽们也把人们搅得难以安宁。

鸡妈妈一不留神，它的小鸡仔就被鸢鹰叼去了一只。

一只公鸡刚刚跳上篱笆，就被鹞一下子抓走了！鸽子们刚刚飞离屋顶，不知从哪儿飞来的游隼，猛地冲进鸽群，只一爪子，就弄得鸽毛乱飞。游隼抓住那只被它戕害致死的鸽子，一眨眼就逃得无影无踪了。

人们对这些猛禽恨得牙痒痒，一碰到它们，也不管它们是不是益鸟，只要是钩形嘴、长爪子，就一律格杀。但若是人们哪天真的来个大屠杀，把周围的猛禽全都消灭掉的话，到时候恐怕后悔都来不及了：田里的老鼠会大量地繁殖，金花鼠会啃光整片庄稼，兔子会跑到菜园里啃光所有的白菜。

这样一来，没有远见的人们，遭受到的损失可就大了。

捕杀猛禽

对于有害的猛禽，全年都可以捕杀，捕杀的方法也有很多。

在窝边捕杀

这是最简单的一种捕杀方法，不过危险也很大。

大型的猛禽为了保护自己的孩子，会大叫着向捕猎者扑过去。此时就得在近距离内射杀目标，动作要快、要准，否则你的眼睛可就难保了。但是，它们的鸟巢很难找到。雕、老鹰、游隼喜欢把家安在难以攀登的山崖上，或是茂密的丛林中的高树上；大角鸮和林鸮喜欢把家安在山崖上，或是茂密丛林中的地面上。

带个搭档

白天出去打猎时，猎人们常会带上一只大角鸮。

在前一天，猎人会将一根木杆插在小丘上，并在木杆上装上一根横木，在距离这根木杆几步远的地方栽上一株枯树，然后在旁边搭个小棚子。

到了第二天，猎人带着大角鸮来到这里，把它放在木杆的横木上，拴好，自己则躲在棚子内。

要不了多久，老鹰或是鸢只要一看见这个可怕的家伙，就会马上向它扑来。这是因为大角鸮喜欢在夜里打劫，与它有仇的比较多，都想借机报复它。

它们在空中盘旋着，然后落在枯树上，向大角鸮大喊大叫，积蓄着力量准备发动进攻。

拴在横木上的大角鸮，只能竖起浑身的羽毛，眨巴着眼睛，吧嗒着钩形嘴，但是一点办法也没有。

这个时候，被惹怒的猛禽哪里还顾得上有没有棚子。趁着这个机会，赶紧开枪打吧！

夜晚打猎

在晚上捕杀猛禽是最有趣的。老雕和其他大型猛禽飞去过夜的地方很容易找。例如，雕喜欢单独待在远离山崖的大树梢上睡觉。

猎人可以挑一个没有月光的黑夜，悄悄地摸到那棵大树下。

由于雕在熟睡，猎人摸到树下也不会被发觉。这时，再出其不意地亮起随身带来的强光灯（手电筒或电石灯），将强光对准雕。在这道突如其来的强光的刺激下，雕被惊醒了，但是强光刺得它睁不开眼睛，什么也看不见，也不知道出了什么事，只能呆呆地停在那儿。

此时，树下的猎人看清楚后，瞄准、开枪就行了。

8月21日~9月20日
太 阳 进 入 处 女 宫

No.6

结队飞行月

（夏季第三月）

一年：太阳在 12 个月内谱写的乐章

8 月——闪亮的一个月。夜间，远方的一道道闪光悄无声息地照亮了森林，却又稍纵即逝。

草地在夏季换了最后一次衣服，色彩变得异常绚烂，花儿的颜色也越来越深，有蓝色的，也有淡紫色的。阳光也没有前两个月那么毒辣了，草儿们都在争分夺秒地储藏现在的阳光。

蔬菜、水果中较大型的果实就要成熟了；晚熟的浆果，如树莓、越橘等，也快成熟了；沼泽地上的蔓越橘，树上的山梨等，就快熟透了。

蘑菇长出来了，它们不喜欢热辣辣的阳光，总是藏在阴凉的地方，就像一个个小老头儿似的。

树木也不再长高和长粗了。

树林中的新规矩

树林里的孩子们都已经长大了，从各自的家中跑了出来。

春天里，鸟儿们都是出双入对，结伴住在特定的地方。现在，它们却带着孩子，在树林里飞来蹿去的。

树林里的居民们都在忙着串门呢！

猛兽和猛禽也不再严守自己的那片地盘儿了，野味到处都有，无论如何都不会饿着。

貂、黄鼠狼和白鼬，在树林里乱窜，无论在哪儿，它们都能轻松地找到食物：有呆头呆脑的小鸟、缺少经验的小兔、粗心大意的小老鼠等。

鸣禽总是成群结队地在灌木和乔木间飞来飞去。

每一群体都有自己的一套规矩。

这些规矩主要有：

互惠互助

若是有谁先发现了敌情，必须尖叫一声或打一声呼哨，警告大家有敌人来了，以便大家及时逃跑或躲藏起来。要是有同伴落难，它们就会一起飞来，齐声发威，吓跑敌人。

成百双的眼睛和耳朵，一直都在小心警戒着来犯之敌，同时还有成百张利嘴，时刻准备着痛击敌人。加入鸟群的成员当然是越多越好。

新加入的雏鸟们必须遵守这样一个规矩：处处得以前辈们为模范。前辈们不慌不忙地啄食，雏鸟也得跟着慢慢地啄食；前辈们抬起头来一动不动，雏鸟也得纹丝不动；前辈们逃跑，雏鸟也得跟着逃跑。

训　练　场

鹤和琴鸡都有一块供孩子们学习的训练场。

琴鸡的训练场设在树林里。小琴鸡们正聚集在那里，看着琴鸡爸爸的一举一动。

琴鸡爸爸咕咕地叫唤起来，小琴鸡们也跟着咕咕地叫了起来；琴鸡爸爸啾啾地叫着，小琴鸡们也跟着尖里尖气地啾啾地叫了起来。

不过，现在的琴鸡爸爸的叫声已经和春天时的不一样了。在春天的时候，它好像是叫嚷着："我要卖掉皮袄，买件单褂。"现在则像是在叫嚷着："我要卖掉单褂，买件皮袄！"

小鹤们则排列成队飞到了训练场。它们正在练习如何在飞行时保持"人"字形的队形。为了日后的远程飞行，它们必须学会这项本事，这样可以让它们节省很多体力。

飞在"人"字形队列最前面的，应当是最强壮的老鹤。它是全队的先锋官，它得率先冲破气浪，这就需要克服极大的空气阻力。因此，它要比其他的鹤付出更多的力气才行。

等它感到累的时候，就会退到队伍的末尾，由另外一只精力充沛的鹤取代它的位置。

小鹤们则跟在领队的后面，一只紧跟一只，首尾相连，按照一定的节奏扇动翅膀。身体强壮一点儿的就飞在前面，身体稍弱一些的就跟在后面。这种"人"字形的队伍，由最前面的鹤冲破气浪，这就像是小船用船头破浪前行一般。

林中逸闻

一只羊啃光了一片树林

这可不是玩笑，确实有一只山羊啃光了一片树林。

那头山羊是护林员买的，他把它带回到了树林中，拴在草地中的树桩上。夜里，那只山羊挣断了绳子，逃跑了。

四周全是树，它能跑到哪里去呢？还好这附近没有狼。

护林员一连找了它三天都没找到。到了第四天，那只山羊竟然自己跑回来了，还“咩咩”地叫个不停，仿佛在向护林员说：“你好，我回来啦！”

晚上，邻近的一位护林员气急败坏地跑了过来，原来那只山羊把他守护的那个地方的树苗全啃光了——那可是整整一片树林啊！

幼小的树苗，基本上没有任何防御能力。随便来头牲口，就能肆意地蹂躏它，甚至是被连根拔起，吃掉。

山羊正是看中了那片树林里细嫩的松树苗。那些树苗看上去挺可爱的，与一些小棕榈树很像。下面露着纤细的树干，上面则是柔软的绿松针，活像一把张开的扇子。山羊肯定是觉得那东西很好吃！

至于大松树，山羊是不敢靠近的，因为大松树上的硬松针肯定会把它刺得头破血流的！

驻森林记者　维利卡

草　莓

在树林边，草莓都红了。鸟儿们找到红色的草莓后叼着就走。它们将草莓的种子传播到了更远的地方。不过，还有一部分草莓的后代留了下来，和它的母亲并肩成长。

看啊！这株草莓的旁边，已经长出了匍匐的细茎——藤蔓。在藤蔓的梢儿上，还长着一簇丛生的小叶子和根的胚芽，那可是一棵新生命啊！这里还有两棵！在这同一根藤蔓上，长出了三簇丛生的小叶子。其中一簇叶子已经扎根了，而另外两簇还没有发育好，依然长在梢儿头上。藤蔓经由母株向四周爬去。若是想找到带有去年植株的母株，就得到这附近野草稀少的地方去找。就拿这株来说吧，母株就长在中间，在它周围的都是它的孩子，里外一共有三圈，每圈有五棵。

草莓就是这样一圈一圈地向四周扩展着，不断地侵占着周边的土地。

尼·巴甫洛娃

可以食用的蘑菇

雨后，又有不少蘑菇钻了出来。

长在松林里的白蘑菇是最好的蘑菇。

白蘑菇长得又肥又厚，帽子是深咖啡色的，它们的香味儿闻起来特别舒服。

在林间道路两边的矮草丛里，生长着一种牛肝菌。有时，还会直接长在车辙里。它们的嫩芽比较好看，像小绒球一样，只是表面黏糊糊的，总有东西黏在上面，不是干树叶，就是细草茎。

在松林中的草地上，还有一种红棕色的蘑菇。这种蘑菇浑身火红火红的，隔老远就能看到。在松林里，这种蘑菇的数量不计其数！大一点儿的和小碟子的大小差不多，帽子被虫子咬得都是洞，上面还泛着绿褶。这种蘑菇最好的是不大不小的，也就是比硬币稍大一些的。这样的蘑菇，帽子的边缘往上卷，中间往下凹，果肉既肥硕又厚实。

在云杉林中也有不少蘑菇。在云杉树下虽然也有白蘑菇和红棕色的蘑菇，但是与松林里的却不一样。这里的白蘑菇，帽子的颜色有些重，还有点儿发黄，伞柄又细又高。红棕色蘑菇的颜色与松林中的完全不一样：帽子不再是红棕色的了，而是变成了蓝绿色，上面还有一圈圈的纹路，和树桩上的年轮很像。

在白桦树和白杨树下的蘑菇，也都各有特点。在它们的名字中就有所体现：白桦蕈（xùn）、白杨蕈。而事实上，白桦蕈生长的地方距白桦树很远；而白杨蕈却是紧紧地贴着白杨树生长的，因为它只能生长在白杨树的树根上。白杨蕈长得非常漂亮，周周正正的，无论是蕈帽还是蕈柄都像被精心雕琢过一样。

尼·巴甫洛娃

毒蘑菇

雨后，也有不少毒蘑菇长了出来。可食用的蘑菇主要是白色的，但是，毒蘑菇也有白色的。因此，你得小心才行啊！毒白蕈是毒蘑菇中最毒的一种，若是吃下哪怕一小块儿毒白蕈，也比被毒蛇咬上一口还要厉害！它的毒素足以夺去人的性命。若是误食了这种毒蘑菇，很少有人可以完全康复。

不过，毒白蕈还是比较容易识别的。它与食用菌比起来，最明显的区别就在于它的柄。毒白蕈的柄就像插在细颈大肚的花瓶里似的。有人说，毒白蕈与香蕈很容易弄混——这两种蘑菇的柄都是白色的。其实，香蕈的柄样子很普通，根本就不像插在花瓶里的样子。

毒白蕈与毒蝇蕈长得很像，甚至还有人称它为“白毒蝇蕈”。若是为二者画下素描像，是很难将它们区分开来的。这两种蘑菇的相同之处是，在蕈帽上都有白色的裂斑，蕈柄上都像是围着一条领子似的。

还有两种毒蘑菇也很危险，人们很容易把它们当作白蘑菇。它们分别是胆蕈和鬼蕈。

它们与白蘑菇不同的地方在于它们蘑菇帽的背面，不像白蘑菇那样是白色或浅黄色的，而是粉红色或红色的。而且，若是将白蘑菇的帽子捏碎，里面还是白色的。但是，胆蕈和鬼蕈的帽子捏碎后会先变红，然后再变黑。

尼·巴甫洛娃

绿色的战友

种什么树最合适

你们知道哪些树种最适合用于人工造林吗?

我们选出了最合适的16种乔木和14种灌木，这些树木可以栽在我们国家的任何地方。

以下是这些最主要的树木：栎树、杨树、椤树、桦树、榆树、槭树、松树、落叶松、桉树、苹果树、梨树、柳树、花楸树、洋槐、锦鸡儿、蔷薇和醋栗等。

所有的孩子们都应该了解这些知识，还要牢牢地记在心里，以便在开辟林场的时候，知道应该采集哪些树木的种子。

驻森林记者　彼·拉甫诺夫

谢·拉里昂诺夫

植树机器

有许多树木等着我们去栽，若是仅凭双手的话，恐怕是忙不过来的。

这就要靠机器来帮忙了。人们发明并制造了许多巧妙的植树机器，这些机器不但能够播种种子，还能栽种树苗，甚至是栽植大树。有在林带造林的机器，有在峡谷边种植的机器，也有挖掘池塘、翻耕土壤的机器，甚至还出现了养护苗木的机器。

人工湖

在列宁格勒有许多大小不一的河流、湖泊和池塘，所以，夏天并不是很热。但是，在克里米疆地区，池塘就很少，也没有湖泊，只有一条小河从这里流过。到了夏天的时候，小河还会变浅、干涸，人们只要卷起裤脚就能蹚过去。

以前，我们农场的果园和菜园也经常闹旱灾。

不过，现在我们不用再为这个发愁了。我们这儿的人们新挖了个水库，是一个非常大的人工湖，可以贮存 500 万立方米的水。

这个湖里蓄的水，足能让我们浇灌 500 公顷菜地，还能用来养鱼、养水禽呢！

林间大战（续前）

我们《森林报》的记者们已经赶到了第四块采伐迹地，这片森林大约在 30 年前被砍光了。我们的记者在那里采访到了这样的新闻：

孱弱的小白桦和小白杨，都死在了自己健壮的同类手下。此时，在层层密林之下，能够活下去的就只有云杉了。

高大而健壮的白桦和白杨在上边作威作福，时常还会发生吵嘴斗殴的现象，而小云杉只能躲在下面悄悄地生长着。历史又重演了：只要谁能长得比旁边的树高些，谁就能成为胜利者，同时还会残酷地将手下败将置于死地。

战败者在干枯以后，只能心有不甘地倒下去。这样一来，在那个严严实实的绿色帐篷上就会出现一个窟窿。阳光就会如潮般倾泻下来，直直地落到小云杉的头上。

被突如其来的阳光一吓，小云杉竟然害起了病。

它们需要过一段时间，才能适应有阳光的日子啊！

慢慢地，小云杉们恢复了健康，它们迅速地换掉了身上的针叶，抓住这个机会飞快地长高、长大，它们根本就不给敌人修补那个窟窿的时间。

这些运气好的云杉，最先长到与白桦和白杨一样的高度。接着，又有不少强壮、多刺的云杉跟了上来，并把自己长矛似的尖梢伸到了顶层。

此时，被胜利冲昏头脑的白桦和白杨才发现，它们竟然让这

么多可怕的敌人住进了自己的地盘！

我们的林地记者，亲眼看见了这场仇敌间的你死我活的肉搏。

阵阵强劲的秋风呼啸而来，这让挤在一起的树木们都兴奋了起来。阔叶树猛地扑到云杉的身上，用自己的长手臂——树枝，拼命地抽打着对方。

白杨的胆子很小，平时只会躲在旁边瑟瑟发抖，连话都不敢大声说。但这个时候，白杨也莫名其妙地挥舞起自己的枝干，想跑上去与黝黑的云杉打上一架，并亲手拧断它们那长着针叶的枝条。

只是，白杨并不是个合格的战士。它们的韧性太差，没有一点弹力，手臂也很容易折断。健壮的云杉根本就不怕它。

但是，到了白桦这里情况就不一样了，它们是一群很棒的战士。白桦不但有着健壮的臂膀，身体的柔韧性也很好。即便风不大，它们那富有弹性的、弹簧似的手臂，也能随风挥舞起来。白桦若是动起手来，那它附近的树木们可得小心了，要是被它撞上，那就不妙了。

这次，白桦与云杉展开了肉搏。白桦用它那柔韧的枝条无情地抽打着云杉的枝叶，云杉身上大片大片的针叶被白桦剥了下来。

白桦只要抓住云杉的一根枝条，那根枝条的命运就只能是干枯了。云杉的树干要是被白桦剥掉一块树皮，那么这棵云杉的树冠就要枯萎了。

云杉可以击退白杨，但却打不过白桦。云杉作为一种坚硬的树木，虽然不容易折断，但也很难弯曲。也就是说，它那直挺挺的枝干是无法当作武器用到战斗中去的。

这场林间大战的结局如何，我们的记者并没有看到。他若是想看到结果的话，得在那里住上好多年才行。因此，他们就找了一个已经结束大战的地方。

至于他们在哪儿找到了这样一个地方，我们将会在下期的《森林报》上揭晓。

帮助森林复兴

我们少先队员们参加了造林的活动。我们将采集到的各种树木的种子，交到了我们的农场和防护林的工作站。在我们的学校里面，也开辟出了一小块儿苗圃，里面种上了橡树、枫树、山楂树、白桦和榆树等。这些树木的种子都是我们自己采来的。

少先队员　嘉·斯米尔诺娃

尼·阿尔卡迪耶娃

农场纪事

我们这里各处农场的庄稼都快收完了。现在是农活最忙的时候。要把收割下来的第一批最好的粮食上交给国家，每一个农场都是这么做的。

场员们收完黑麦，收小麦；收完小麦，收大麦；收完大麦，收燕麦；收完燕麦，就要收荞麦了。

在通往火车站的路上，挤满了各个农场送粮食的车队，车水马龙的，好不热闹！

拖拉机还在田地上轰鸣着：秋播的作物已经播种完毕，他们现在正忙着翻耕土地，为明年的春播做准备呢。

夏季的浆果已经淡出了这个舞台，可是果园里的苹果、梨和李子已经熟了。而且，树林里还有许多蘑菇。在布满苔藓的沼泽地上，蔓越橘也长红了。看啊！农村的孩子们，正在那里用竿子打着那一串串沉甸甸的山梨呢！

山鹑一家的日子又不好过了。刚开始的时候，它们把家从秋播田里搬到了春播田里，现在又得从这一块春播田里搬到另一块春播田里，过起了居无定所的生活。

山鹑一家躲到了马铃薯地里。在那里，它们就不用担心会有人过来打扰它们了。

但是，人们现在又到这里开始挖马铃薯了，挖马铃薯的机器也出动了。孩子们在旁边点起了篝火，还在那里支起了简易的小灶，正在烤马铃薯吃呢！他们的脸上都抹得黑漆漆的，像个小黑鬼似的，看起来挺吓人的。

灰山鹑无奈之下，只能离开马铃薯田，飞走了。现在，它的孩子们已经长大了，禁猎期也结束了，猎人们已经可以捕杀它们了。

它们现在必须找个可以藏身觅食的地方，但是，哪儿才安全呢？田里的庄稼都被割完了。咦！这时候秋播的黑麦好像已经长高了，躲在那里既能觅食，还能避开猎人们敏锐的搜寻。

农场新闻

略施小计

在收割得只剩下毛茬儿的麦田里，还有一股敌人潜藏在那里，它们就是杂草。这些杂草的种子落在地上，把自己细长的根茎藏到地下，它们就盼望着春天快点来呢！只要春天一到，人们刚翻过土地，种上土豆，这些杂草们就活动起来，开始破坏马铃薯的生长。

为了消灭这些杂草，农场的人们耍了一个小计谋。他们先将浅耕机开到田里，把杂草的种子翻到土里去，把它们的根茎切碎。

这时，杂草们还以为春天来了呢！外边的天气这么暖和，泥土又这么松软。杂草们便开始生长了，一段段的根茎也发出了嫩芽，大片的田野又变成了翠绿色。

农场的人们可高兴坏了，因为敌人们上当了。等到杂草长出来以后，深秋时再把田地翻耕一遍，把杂草们翻个底儿朝天。只要冬天一到，它们全部都会被冻死。杂草啊杂草！这样一来，你们可就没有办法再来祸害我们的马铃薯了！

尼·巴甫洛娃

公　愤

黄瓜地里有不少黄瓜都很气愤，它们议论纷纷：“农场里的这些人怎么能这样干啊？每两天就闯到我们这里来，把那些青色的小伙子们都摘了去！要是能让它们安安稳稳地长大该多好啊！”

不过，尽管它们抱怨，人们还是只留下少量的黄瓜培育种子，而其他的黄瓜，趁它们还是青绿色的时候都被摘走了。青绿色的黄瓜鲜嫩多汁，非常可口。若是让它们长熟了，可就不好吃啦！

尼·巴甫洛娃

帽子的造型

在树林里的空地上和道路两旁，长出了不少松乳菇和牛肝菌。松树林里的松乳菇最好看——浑身火红火红的，身子虽然有些矮胖，但却非常壮实，头上还戴着一顶布满一圈圈花纹的帽子。

孩子们说，这种帽子的造型，红棕色蘑菇还是从人类这里学去的呢。的确，它们戴的帽子真的很像人们的草帽。

不过，牛肝菌的帽子跟人们的草帽可一点儿也不像。它的帽子别说是男人了，就是赶时髦的年轻姑娘也不愿意戴。因为，牛肝菌的帽子上总是黏糊糊的，看着就让人难受！

尼·巴甫洛娃

狩　猎

带上猎狗去打猎

8月份，一个清新的早晨，我和塞索伊奇一同去打猎。我的两条短尾猎犬吉姆和鲍依，正在那里欢快地叫着、跳着，直往我身上扑。塞索伊奇的猎狗是拉达，那是一条硕大而漂亮的长毛大猎狗。只见它将两只前爪搭在矮小的主人身上，还在他脸上舔了一下。

“去去！你这个淘气鬼！”塞索伊奇一边用袖口擦着嘴唇，一边佯装生气地说。

可是，这三条猎狗还没等他说完就跑开了，飞奔着穿过割过草的草场。漂亮的拉达迈开矫健的大步一路狂奔，只见它那黑白相间的花皮袄，在碧绿的灌木丛中时隐时现。我那两条腿儿短的猎狗好像很委屈似的，在后面拼命地追，可怎么也赶不上，气得汪汪直叫。

就让它们先去遛遛吧！

我们来到一个灌木林边。吉姆和鲍依听到我的口哨声后就跑了回来，只在附近溜达，把周围的灌木和草丛嗅了个遍。而拉达则在我们的前面跑来跑去，一会儿从左边闪出来，一会儿又从右边闪出来。它正跑着的时候，忽然停了下来。

这时的拉达就像撞在了一道无形的铁丝网上，站在那里一动不动，身体还保持着刚才中止奔跑时的那个姿势：头微微偏向左边，脊背极富弹性地弓着，左前腿抬了起来，蓬松得像根羽毛的尾巴伸得直直的。

前面并没有铁丝网呀，它停下来是因为它嗅到了一股野禽的气味儿。

“您打吧！”塞索伊奇对着我说。

我摇摇头，并将我的两条猎狗叫了回来，让它们卧在我的脚旁，以免它们搞破坏，惊跑了拉达发现的猎物。

塞索伊奇慢慢地走向拉达，走到跟前才停下脚步。他从肩膀上取下猎枪，把子弹上了膛。他没有立刻命令拉达往前走，大概他和我一样，也很欣赏拉达的迷人造型：在它那优雅的姿势下，隐藏着蓄势待发的激情和紧张。

“前进！”塞索伊奇终于下了命令。

拉达却没有动。

我知道这里有一窝琴鸡。塞索伊奇又命令拉达前进，它刚往前跳出一步，就听灌木丛里传出一阵“扑扑”声，飞出了几只红棕色的大鸟。

“往前走，拉达！”塞索伊奇一边下着命令，一边举起了猎枪。

拉达快速地向前跑去。它兜了大半圈儿，又停下来站着不动了。这回，它的目标是另一丛灌木。

那里有什么呢？

塞索伊奇走到它跟前，吩咐道：

“往前走！”

拉达朝着灌木丛扑了过去，然后又绕着跑了一圈。

在灌木丛的后面，一只红棕色的鸟悄悄地飞到了空中。它的个儿头不太大，只见它懒洋洋地扇动着翅膀，动作还有些笨拙，两条腿好像是受了伤似的，晃晃荡荡地拖在身后。

塞索伊奇有些生气地放下猎枪，并召回了拉达。

原来这是一只秧鸡！

这种鸟生活在草丛中，春天来的时候，它们会发出刺耳的鸣叫声，那时候猎人还比较喜欢听。但是，到了狩猎的季节，就开始讨厌它了。它们在草丛里乱窜，猎狗根本就无法确定它们的方位。猎狗刚刚摆好指示的姿势，它们却又不知何时悄悄地溜掉了，净让猎狗白费劲儿。

过了一会儿，我就和塞索伊奇分开了，并约好在林中的小湖边会合。

我沿着一条狭窄的溪谷往前走，里面草木成荫。咖啡色的吉姆和它的儿子——黑、白、棕三色相间的鲍依，跑在我的前边。我得盯着它们俩，时刻保持着警惕，准备好开枪。因为，这种猎狗是不会指示猎物的，随时都有可能惊起附近的野禽。每看到一丛灌木，它们都会钻进去，在高高的草丛中，它们的身影时隐时现，短短的尾巴不停地摇动，极像转个不停的螺旋桨。

看来，这种猎狗的尾巴还是短点儿好。要不然的话，它们将自己的长尾巴打在草丛或灌木上，将会弄出多么大的动静啊！而且，它们的尾巴还会被草木剐蹭破皮。因此，在这种狗只有三个星期大的时候，主人就会把它们的尾巴截掉，这样以后就不会再长了。只留下短短的一截，以防万一：比如倘若它们一不小心陷进了泥沼，就可以抓住这截短尾巴把它拖上来。我的两只眼睛一直都看着这两条猎狗，可是我怎么还能分心看清楚周围的一切，欣赏到那美妙的新奇事物呢？

我清楚地看到：已经升到树梢儿上的太阳透过青草和绿叶，洒下了一缕缕、一束束的金色光影。草丛和树木间的蛛网在阳光的照射下，就像是由一根根细细的银线编织而成的。一棵松树的树干非常神奇地弯了下来，好像一张巨大的椅子。这么大的椅子，恐怕只有童话中的树精灵才能坐吧！不过，哪儿去找树精灵呀？你瞧，在那张椅子上的小坑里，还有些许积水，旁边还有几只蝴蝶在翩翩起舞。

两条猎狗跑过去喝水了……我的嗓子也干得直冒烟儿。在我脚旁的一张卷边的阔叶上，有一颗露珠亮闪闪的，就像是一颗价值连城的钻石。

我很小心地弯下腰去——可不能把它碰掉了啊！我轻轻地采下了这片叶子，当然还有那滴世界上最纯净的露珠，它可是吸收了朝阳的全部喜悦啊！

当毛茸茸、湿漉漉的叶子触到我的嘴唇时，那滴清凉的露珠儿马上就滚落到我那干燥的舌尖上了。

此时，吉姆忽然叫了起来："汪！汪……"我赶紧丢开那片为我解渴的叶子，任它飘落到地上。

吉姆一边汪汪叫着，一边向溪岸跑去。它那螺旋桨似的尾巴，甩动得更加有力了。

我急忙往溪边赶去，想赶在吉姆之前到达。

不过，我还是来迟了。有一只鸟，一直躲在盘曲的赤杨树后面，我们都没有发觉，这会儿它已经轻拍着翅膀飞起来了。

看哪！它正在赤杨树后面直直地向上飞去——是一只野鸭。我有些慌，根本就没有时间瞄准，举起枪就放。霰弹穿过树叶后，没想到野鸭竟然应声掉到溪水中了。

这一切发生得太突然了，我甚至还在怀疑我到底开没开过枪——好像我是用魔法将它给打下来的一样。我刚动了个念头，它就掉下来了。

这时，吉姆已经游到了溪水中，将猎物衔到岸上来了。它嘴里叼着猎物（野鸭的脖子一直拖到了地上），交到了我的手上，根本顾不上抖落身上的水。

“谢谢你，我的老伙计！我的好宝贝！”我弯下身抚摸着吉姆。

但是，这家伙竟然抖了抖身子，溅了我一脸的水。

“呀！你这家伙真没礼貌！走开点儿！”

吉姆这才跑开了。

我用两根手指头捏住野鸭的尖嘴，拎起来估摸了下分量。哇！它可真重啊！它的鸭嘴也挺结实，竟可以承受它的体重而没有断掉。这么说来，它应该是只成年的野鸭，而不是今年刚出窝的野鸭。

我的两条猎狗又在前面叫了起来，我赶紧将野鸭挂到子弹袋的背带上，一边往前跑，一边装弹药。

这里，原本狭窄的溪谷渐渐开阔了起来。有一片沼泽一直延伸到了山坡前，布满了一簇簇的草丛和香蒲。

吉姆和鲍依在草丛里钻来钻去。它们在那儿发现了什么？

一时间，整个世界好像都压缩到这片小小的沼泽地里了。此时，我只想快点儿知道，那两条狗在那里发现了什么。会不会有什么野禽突然从中飞出来啊！可千万别失手啊！

我那两条短腿儿的猎狗，钻在高高的香蒲丛中，从外面很难看见它们的踪影。不过，它们的耳朵则像翅膀似的，在草丛里来回扇动。它们正在进行跳跃式的搜索——只有跳起身来，才能看清附近的猎物。

只听“噗”的一声——就像将靴子从泥水中拔出来的声音。只见一只长嘴沙锥从草丛中飞了起来。它飞得很低，飞行轨迹还呈曲线形。

我瞄了瞄才开枪，可它还是飞走了！

它飞了大半圈，然后又伸直两腿，落在离我不远的草丛里。它停在那儿，嘴巴像利剑一样插在泥水中。

离得这么近，而且还老老实实地待在那儿，我倒不好意思开枪打它了。

这时，吉姆和鲍依跑了过来，又把它赶得飞了起来。我用左边的枪筒开了一枪，又没命中！

唉！真丢人！我都打了30年的猎了，打到的沙锥少说也有几百只了。但是，我一看见它们飞，心里就有些慌，这次也不例外。

这也没有办法！现在只能去找几只琴鸡了。要不然，塞索伊奇见到我打的猎物，他会笑话我的：城里的猎人，都把沙锥当作是美味的猎物；可是在乡下，人们却不把它放在眼里。它们太小了，根本就微不足道。

在山冈后面，塞索伊奇已经开了三枪了，说不定他已经打到十来斤野禽了。

我蹚过了小溪，爬上一个陡坡，站在那里可以看得很远：那里有一块很大的采伐迹地，再往前是燕麦田。咦！那不是拉达吗？嗯？塞索伊奇也在那里！

啊，拉达站住了！

塞索伊奇走过去，只听“砰砰”两声，他可是双管齐发啊！

他忙着捡猎物去了。

我也不能光看啊！

两条猎狗早已跑进了树林。我有这么个习惯：

如果我的猎狗钻进密林，我就会跟着向林中的空地走去。

林中的空地很开阔，鸟儿飞过这里的时候，你可以看得很清楚，完全有时间开枪。只需猎狗们把猎物往这边赶就行了。

鲍依叫了起来，吉姆也跟着叫了起来。我赶紧跑了过去。

我快速来到两条猎狗跟前。它们在那儿磨叽什么呢？哦！那里肯定是只琴鸡。我知道它的这套把戏，它会飞到空中，引得猎狗团团转！

嗒！嗒！嗒！还真是琴鸡。忽然，一只黑乎乎的琴鸡，像烧焦的黑炭一样，冲了出来，朝着空地飞了过去。

我端起枪，双管齐发。

只见它拐了个弯，就消失在高高的树木后了。

难道我又没打中？不可能吧？我瞄得挺准的……

我打了个呼哨，把两条猎狗都叫了过来，朝着琴鸡消失的树林走去。找了一阵儿没找到，两条猎狗也在找，同样没找到。

唉！太气人了……今天的运气可不怎么好啊！但是，这又能怨谁呢！猎枪自然没问题，弹药又是自己装的。

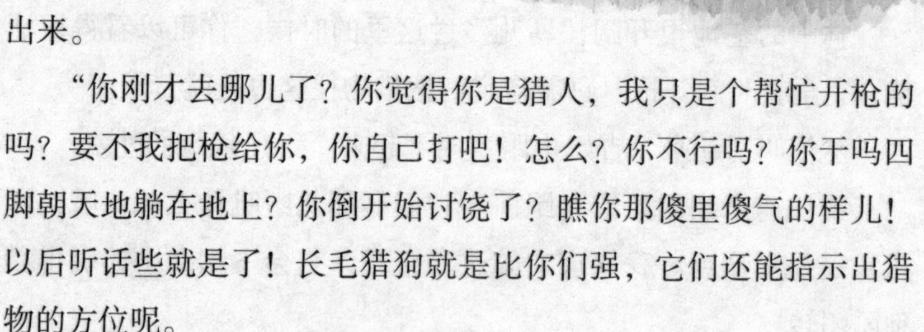

不行，我还得再试试，说不定到了湖边，我就能交上好运了。

我又回到了空地上。离此约有500米的地方有个小湖。这会儿，我的心情坏透了，两条猎狗也不知跑到哪里去了，怎么叫都不见它们回来。

算了！我一个人去得了！

这时，鲍依不知从哪儿钻了出来。

“你刚才去哪儿了？你觉得你是猎人，我只是个帮忙开枪的吗？要不我把枪给你，你自己打吧！怎么？你不行吗？你干吗四脚朝天地躺在地上？你倒开始讨饶了？瞧你那傻里傻气的样儿！以后听话些就是了！长毛猎狗就是比你们强，它们还能指示出猎物的方位呢。

“要是有拉达帮忙，那就简单多了。那样我也能百发百中。在拉达面前，那些野禽就像是被钉住了一样，打起来太轻松了！”

在前方的树干间，银色的湖面已经闪现了出来，我心头的希望又重新涌现了出来。

湖边长满了芦苇。鲍依已经跳到了水中，向前游着，将高高的绿色芦苇搅得左摇右摆。

鲍依叫了一声，立刻就有一只野鸭叫着从芦苇丛中飞了出来。

当野鸭飞到湖心的时候，我开了枪。只见野鸭的长脖子往下一耷拉，啪的一声掉到了水里，肚皮朝天，两只红红的脚掌还踢腾了几下。

鲍依向野鸭游了过去。当它张开大嘴想要咬住野鸭的时候，那只野鸭忽然钻进水里，不见了踪影。

鲍依被搞晕了：野鸭跑哪儿去了？它在原地转了几圈，都没能找到野鸭。

忽然，鲍依也把头扎进了水里。这是怎么回事？难道它被什么东西缠住了？不会沉到湖底去了吧？这可如何是好？

野鸭又露了出来，正慢慢地向湖边游来。姿势很怪异：身子侧着，脑袋则浸在水下。

呀！原来是鲍依衔着它啊！鲍依的头被野鸭挡住了，所以看不见。好样儿的！它竟潜到水下把野鸭衔了回来。

“收获不小啊！”塞索伊奇的声音传了过来。他不知什么时候从我身后悄悄地走了过来。

鲍依游到草丛旁，爬上了岸，放下野鸭，抖了抖身上的水。

“鲍依！太不像话了！快把它给我衔过来！”

它竟然无视我的命令，太不像话了！

此时，吉姆不知从哪儿钻了出来。它游到草丛前，对着儿子生气地吼了一通，然后衔着野鸭给我送了过来。

然后，它抖了抖身子，又跑到灌木丛里去了。真没想到啊！它竟然衔回来一只死琴鸡！

难怪吉姆一直都没出现，原来它在树林里找琴鸡啊！说不定它找到琴鸡以后，又拖着它跑了500多米的路呢。

有了它们俩，我在塞索伊奇面前很有面子！

真是一条忠诚的老狗！在这11年里，你勤勤恳恳地为我卖力，从没偷过懒。可是，今年夏天可能是你最后一次跟我出来打猎了，狗的寿命并不长啊！以后，我还能找到像你这样的好伙计吗？

我在篝火旁喝茶的时候，这些思绪涌进了脑海。个子矮小的塞索伊奇麻利地把野禽挂在白桦树上：两只小琴鸡和两只沉甸甸的小松鸡。

三条狗蹲在我的周围，六只狗眼一直注视着我的一举一动，它们可能在想：会不会分给我们一小块儿吃啊？看它们的馋样！

当然少不了它们的，它们三个做得都很好，都是好样的！

已经中午了。天蓝蓝的，白杨树的树叶在微风下发出了窸窸窣窣的声响。

真惬意啊！

塞索伊奇也坐了下来，漫不经心地卷着烟卷儿。他在想事情。

有好戏了！我马上就能听到他打猎时发生的另一件趣事儿了！

现在，正是猎人们猎捕新出巢的野禽的最佳时机。为了捕获这些机警的鸟儿，猎人们可以说是费尽了心机！不过，在这之前，应当了解这些野禽的生活习性，这比耍心眼重要得多！

骗局

猎人沿着小路，在茂密的云杉林中悄悄地走着。

“扑啦啦，扑啦啦！”

从他的脚边飞出一窝琴鸡，有八九只呢！

还没等他举起枪，琴鸡们就已经躲到密林中去了。

不用再费力去找它们了，而且，也不知道它们落到哪里去了，

就算是睁大眼睛也很难找到它们!

猎人悄悄躲到小路旁的云杉后面去了。

他从口袋里掏出一支小短笛，吹了一下。然后就坐在一个小树墩上，扣着扳机，再次把木笛送到唇边。

好戏就要开始了。

琴鸡们全都藏得很严实。在琴鸡妈妈没有发出“安全”的信号以前，它们是不敢动弹的，连翅膀也不敢扑腾一下，它们都待在各自藏身的树枝上。

“哔儿克！哔儿克！哔特儿！”这是信号，意思是说:“安全啦！”

这是琴鸡妈妈在自信地说:“安全了，安全了，都出来吧！”

小琴鸡们从树上悄悄地溜到地面上。它们在听妈妈的声音是从哪儿传来的啊?

“哔儿克！哔特儿！”意思是说:“在这儿呢，都过来吧！”

小琴鸡们都跑到了小路上。

“哔儿克！哔特儿！”

妈妈就在云杉后面的小树墩那儿。

小琴鸡们顺着小路，撒开腿就跑，径直向猎人奔去。

猎人开了一枪，又拿起短笛吹了起来。

短笛内又响起了琴鸡妈妈的声音:

“哔儿克！哔儿克！哔特儿！”

又有一只小琴鸡中计了，正跑过去送死呢!

本报特约记者

9月21日~10月20日
太阳进入天秤座

No.7

候鸟辞乡月

（秋季第一月）

一年：太阳在 12 个月内谱写的乐章

9 月——大地上草木枯黄，鸟兽哀嚎，一片萧条之色。天空里的云朵也因忧伤变得昏沉沉的，秋风向大地母亲低声诉说着什么。就这样，秋季的第一个月降临了。

跟春天一样，秋天也拥有一份属于它自己的工作时间表，不过，和春天不同的是，秋天的工作是从天空中开始的。秋天的树叶在枝头上由黄变红，再由红变褐。因为照射在它们身上的阳光不能满足它们的需要，所以它们开始枯萎了，很快，它们就丧失了原本属于它们的碧绿的色彩。在叶柄连接树叶的地方，出现了一个衰老的环状带。即便是没有一丝微风的日子里，树叶也会自然飘落：忽而这边飘下一片黄色的桦树叶子，忽而那边落下一片红色的白杨叶子，它们在空中轻轻地飞舞，悄悄地从地面滑过。

清晨，当你从睡梦中醒来的时候，第一次看见青草上铺了一层白霜，于是，你在日记中记下："秋天降临了！"从这一天开始，更准确地讲，是从这一夜起，秋天降临了。越来越多的树叶开始与大树母亲告别，从枝头飘落，直到最后，刮起了横扫残留秋叶的西风，把森林整套华丽漂亮的夏装完全脱下。

雨燕从我们的视野中消失了。家燕以及其他一些在我们这一带过夏的候鸟，都开始呼朋引伴，在漆黑的夜晚，悄悄地开始了它们遥远而又漫长的旅程。天空越来越空旷，河水也越来越凉，人们已经不愿意再下到河里去游泳了……

可是，突然之间，好像是为了纪念那个火热的夏季，天气又变得温暖晴朗起来。一根根细长的蛛丝在宁静的空中轻轻地晃悠着，泛着银色的光芒……田野里出现了一抹抹清新可人的新绿，迎着风，在阳光下闪耀。

“夏婆婆仿佛又回来了！”村里的人们兴奋地奔走相告，开开心心地观望着田地里一片片充满生机的秋播作物。

森林里的居民们开始为漫长的冬季做准备了。正在孕育中的小生命也都安全地躲藏了起来，把自己包裹得严严实实。大自然对这些生命的关怀和照顾，都即将告一段落，一直要等到来年的春天。

只有兔妈妈们还在不停地忙活，它们似乎不愿意承认夏天已经过去了，于是又生下了一窝兔宝宝！这一批小兔子被人们称为“落叶兔”。这个时候，一些细柄的可以吃的蘑菇也长出来了。夏季就这样结束了。

候鸟离家的日子到来了。

跟春天一样，这个时候，我们的记者们又从森林里给我们发来了一封封电报：每一刻都有新的消息，每一天都有大的事件。

就像春天从南方返回一样，鸟群又开始大迁徙了，不同的是，这一回它们要从北往南飞。

秋天就这样拉开了帷幕！

离　歌

白桦树上的叶子，已经凋零得所剩无几了。只剩下一个被主人丢弃了很久的小房子——椋鸟巢，在光秃秃的树枝上随风左右摇晃。

不知道什么原因，突然有两只椋鸟飞了过来。雌鸟一到巢门口就钻了进去，紧张地忙活起来。雄鸟则停靠在枝头，不停地向四周环顾，然后唱起动听的歌来！歌声不是很大，好像是唱给自个儿听的。

雄鸟一曲唱毕，雌鸟就从鸟巢里钻了出来，然后迅速地向鸟群飞去。雄鸟也紧随其后，飞了过去。是该离开的时候了，不是今天，就是明天，它们就要踏上遥远的征程了。

它们是来和它们的家告别的。今年夏天，它们就是在这所小房子里孵出了幼鸟。

它们不会忘记这个安乐舒适的家，来年的春天它们还会回到这里居住。

林中逸闻

林中的决战

大约傍晚时分，森林里面传来了一阵阵短暂的、低沉的吼叫声。那是森林中的勇士——长着长长的犄角、身材高大威猛的公驼鹿走过来的信息。它们用低沉的怒号声向对手发出挑战，那发自胸腔的声音带着无比的怒意。

勇士们在森林的空旷地带上相遇了。它们奋力地用蹄子刨着脚下的泥土，威风无比地用力摇晃着那令人生畏的沉重犄角。它们的双眼布满了血丝，低下长着大犄角的头，弓起身子，凶猛地朝对方扑过去。它们的犄角时而发出噼里啪啦的撞击声，时而钩在一起。它们用巨大身躯发出的全部力量猛烈地撞击对手，想扭断对方的脖子，置对方于死地。

它们时而分开，时而冲锋陷阵，一会儿把身子弯倒着地，一会儿又用后腿支撑起来，以便使犄角具有更大的杀伤力。

巨大的犄角迅猛地撞在一起，发出沉闷的咚咚声，传到很远的地方。人们往往称公驼鹿为犁角兽，因为它们的犄角又宽又大，就跟耕田的犁似的。

战败了的公驼鹿有两种命运，要么慌慌张张地逃离这块耻辱之地；要么受到大犄角致命的袭击后，被对手折断脖子，鲜血淋淋地倒在地下。获胜的一方绝不会善罢甘休，它会用锋利的蹄子践踏对手，直到对手死去为止。

这时，巨大而雄壮的吼声会再一次在森林里响起——这是犁角兽吹起的意味着胜利的号角。

森林深处，有一只没有犄角的母驼鹿正在静静地等候胜利者的凯旋。获胜的公驼鹿从此将成为这一地带的主人。它再也不允许其他驼鹿侵犯它的领地。甚至连刚出生的年轻的小驼鹿，它也会无情地把它赶出自己的领地。

公驼鹿那如同响雷般的嘶哑吼叫声再一次响起，传到森林里很远很远的地方。

候鸟起程

每天夜里，都会有一批长着翅膀的旅客整装出发。跟春天返回时急匆匆的样子大不相同，它们南下的时候都是不慌不忙，从容不迫地慢慢飞着，休息的时间很充足。就像一个即将离家的游子，可以看得出它们恋恋不舍、不愿离开的心情。

候鸟飞走时的次序与来年春天返回时正好相反：那些外表绚丽的鸟儿通常都是最先离开，而春天一到第一批飞回来的燕雀、百灵和鸥鸟往往是坚持到最后一刻才走。有很多鸟儿是年轻的先走，而燕雀却是雌鸟先走。相比而言，那些体格强壮、吃苦耐劳的鸟儿，逗留的时间则会长久一些。

大多数鸟儿会直接取道南下：飞往法国、意大利和西班牙，或者是地中海和非洲。有些鸟儿则是向东飞行，经过乌拉尔和西伯利亚，前往印度。有的鸟儿甚至直接飞往美国。几千公里的漫漫旅途，在它们的眼皮下一掠而过。

秋季的蘑菇

森林里现在真是一片荒凉！空荡荡的，湿漉漉的，到处散发着腐烂的树叶的味道。唯一让人感到欣慰的，是一种蜜环菌，叫人看了之后不觉得高兴了几分。它们有的成堆地长在树墩上，有的蔓延在树干上，还有的零星散布在地上，好像一人独自在外散步一样。

看着它们让人觉得心情很愉快，采摘起来也让人觉得很痛快。即便是仅仅采摘菇帽，而且只挑最好的采，几分钟也可以采一满篮。

小蜜环菌长得确实好看：蘑菇帽在刚开始时还显得紧绷绷的，就像小孩子头上戴的无边儿小帽，脖子里还围着一条银白色的小围巾。过了几天，帽边儿就会开始向上翘起，原来的小圆帽现在

就成为一顶小礼帽了；围巾也随之变成了一条领结。

蜜环菌的整个菇帽上都布满了烟丝般的细小鳞片。是什么颜色的呢？没有人能够准确地说出来，总之那是一种让人感觉很舒服的宁静的浅褐色。小蜜环菌菇帽下的褶儿呈现出银白色，而老蜜环菌则是淡淡的浅黄色。

不知道你是否留意过：当老菇帽把小菇帽包住的时候，小菇帽上好像被扑了一层粉似的。你禁不住猜测："难道它们发霉了？"不过，你很快就会恍然大悟："原来这就是孢子啊！"是的，这就是老菇帽上洒下来的孢子。

如果你想吃蜜环菌，你就必须熟悉它们所有的特点。在生活中，经常会发生把毒蘑菇错当成蜜环菌的事情。有些毒蘑菇长得确实很像蜜环菌，它们也长在树墩上。不过，那些毒蘑菇的菇帽下没有领子，菇帽上也没有鳞片，毒蘑菇菇帽的颜色很艳丽，有黄色的，有粉红的，而菇帽下的褶儿则呈黄色或者浅绿色；毒蘑菇的孢子是乌黑色的。

尼·巴甫洛娃

城市要闻

“强盗”的袭击

列宁格勒的伊萨基耶夫斯基广场上，光天化日之下，在人们的眼皮底下，竟然发生了一出强盗式的袭击事件。

一群鸽子刚从广场上飞起来。这时，突然一只大隼从伊萨基耶夫斯基大教堂的圆顶上俯冲下来，迅猛地扑向鸽群中最靠边儿的一只鸽子。刹那间，一堆凌乱的羽毛从空中飘然而下。

在行人的注视下，受到巨大惊吓的鸽群四散到附近的一幢大房子的屋檐下躲了起来。大隼用爪子紧紧地抓住那只被啄死的鸽子，吃力地朝教堂圆顶飞去。

我们城市的上空，是大隼迁徙时的必经之地。这些凶猛的“强盗”，喜欢在教堂那圆圆的屋顶上或高大的钟楼上落脚，因为在这些位置方便它们侦察猎物。

山　　鼠

在挑选马铃薯的时候，我们突然听见有东西从牲畜栏的地下沙沙地向外钻。一只狗闻讯而来，在附近蹲下，开始用鼻子进行搜查。那小东西还在沙沙地往外钻动。狗开始刨起地来，一边刨，一边“汪汪”地叫，因为那小东西正朝着狗所在的方向钻来。狗刨了一个小坑，可以看见那小东西的头顶了。狗接着把坑越刨越大，直到把那小东西拖出来。那小东西还想咬狗呢，结果被狗甩了出去，然后冲着它大声地叫了起来。那小东西跟小猫大小差不多，灰蓝色的毛中夹杂着黄、黑、白三色。人们把这种小动物称为山鼠。

忘记了采蘑菇

9月的一天，我和几个小伙伴一起去森林里采蘑菇。一进森林，我们就吓跑了四只榛鸡，它们长着灰色的羽毛，脖子短短的。

接着，我看见了一条死蛇。它挂在树墩上，已经风干了。树墩上的一个小洞里，好像有什么东西在发出“咝咝”的声音，我想，这一定是个蛇洞，就急匆匆地逃离了这个恐怖的地方。

后来，在走近沼泽的时候，我看见了一种从未见过的动物：七只像绵羊似的鹤在沼泽地上翩翩起舞。以前我只是在学校的图画书上见过鹤的模样。

同伴们的篮子里都已经装满了蘑菇，可我却一直好奇地在林子里跑来跑去，林中到处都有小鸟在悠闲地飞着，唱着婉转动听的歌儿。

我们回家的时候，一只浑身灰色的小兔从我们面前跑过，然而它的脖子却是白色的，后腿也是白色的。

临近那个有蛇洞的树墩时，我选择了绕道而行。我们还看见了一群大雁：它们正从村庄的上空飞过，大声地咯咯叫着。

驻森林记者　别兹苗内依

寻找栖身之地

天气越来越寒冷。

美丽的夏天已经走远了……

血液冻得都快要凝结住了，浑身乏力，懒得动弹，总想打瞌睡。

拖着长尾巴的蝾螈，在池塘里住了一个夏天，一次也没出来过。现在它却上了岸，慢悠悠地爬进树林里。它找到一个腐烂的树墩，然后往树皮底下一钻，缩成一团。

青蛙恰恰相反：它们从陆地上跳回到池塘，然后潜入水底，钻进了厚厚的淤泥里。蛇和蜥蜴都躲到了树根底下，身子蜷缩在厚厚的暖和的青苔里。鱼儿在溪水的深处或者水底的深坑里，紧紧地依偎在一起。

蝴蝶、苍蝇、蚊虫和甲虫，全部都钻进树皮和墙缝的空隙中躲起来了。蚂蚁也开始行动起来——堵住了蚁城里面所有的出入口。它们爬进了蚁城的最深处，密密地挤作一团，彼此紧紧地依靠在一起，静静地进入了梦乡。

忍饥挨饿的时候还是来到了！

属于热血动物的飞禽走兽们倒是不怎么觉得冷，只是需要有食物为它们提供能量：每当它们吃下东西，就好像在身体里生起了火炉一样暖和。然而，饥饿总是会随着寒冷一道降临。

因为苍蝇、蝴蝶、蚊虫都躲起来了，蝙蝠就没有什么东西可吃了，只好无可奈何地睡觉去了——它们藏在树洞、石穴、岩缝以及阁楼的屋顶下面，用后脚抓住一些牢固的东西，然后头朝下倒挂起来，用巨大的翅膀紧紧地裹住自己的身体，好像披了一件黑色的风衣——它们就这样睡着了。

青蛙、癞蛤蟆、蜥蜴、蛇以及蜗牛，全部都藏了起来。刺猬躲进了树根下温暖的草窝里。就连獾也很少出来活动了。

候鸟飞往越冬的地方

什么种类的鸟儿往什么地方飞

你们一直认为所有迁徙的鸟儿都是从北往南飞，是吧？其实才不是这样呢！

不同种类的鸟儿，会选择在不同的时间飞走，而且大多数鸟儿会选择在夜里飞行，因为这样比较安全。并不是所有的鸟儿都是从北方飞到南方去过冬的。有些鸟，秋天的时候会从东方飞到西方去；而另外一些却恰恰相反，它们会从西方飞往东方。我们这儿还有一些鸟，竟然会一直飞到遥远的北方去过冬！

我们的特约记者们，有的给我们发来了无线电报，有的直接通过无线广播传回消息：什么样的鸟儿飞往什么样的地方，这些长着翅膀的旅行家们在路上的身体状况如何。

向北，越过长夜漫漫的地区

给我们提供填充冬衣的轻暖鸭绒的多毛绒鸭，在白海的干达拉克沙禁猎区，顺利地孵出了它们的幼鸟。那个禁猎区已经开展了多年的保护绒鸭的活动。为了弄清楚绒鸭从白海前往什么地方，有多少只绒鸭返回了禁猎区，回到自己的老家，也为了搞清楚这种神奇的鸟儿的其他生活细节，大学生和科学家们把那种带编码的轻质金属环套在了绒鸭的脚上。

现在，我们已经知道了，绒鸭从禁猎区出发，几乎是一路北上，飞往长夜漫漫的北方，飞向北冰洋——那里有格陵兰海豹，还有拖着长音大声叹息的白鲸。

白海很快就会被厚厚的冰层覆盖，绒鸭留在这儿将无食可觅。而在北方，水面一年四季都不结冰，海豹和巨大的白鲸可以很轻松地抓到鱼儿吃。

绒鸭从岩石和水草上啄食——它们专吃黏附在上面的软体小

动物。这些北方的鸟儿，只要能填饱肚子就满足了。尽管寒气逼人，尽管身处无边的汪洋和无尽的黑暗之中，它们也一点儿都不害怕。它们的鸭绒冬衣密不透风，是世界上最保暖的“衣服”。何况空中不时还会出现绚丽的北极光，还有巨大的月亮和闪亮的星星。那儿的太阳有时一连几个月都不露面，可这有什么关系呢？反正野鸭们觉得挺舒服，它们享受着这种吃饱喝足、悠闲自在的日子。

候鸟迁徙之谜

有的鸟儿向南飞，有的鸟儿向北飞，有的鸟儿向西飞，有的鸟儿向东飞，这究竟是什么原因呢？

为什么许多鸟儿要等到结冰、下雪，没有东西可吃的时候才开始迁徙；而有的鸟儿，比如说雨燕，每年都在一个固定的日子起程，即便它周围的食物很充足？

而更关键的问题是：它们怎么知道，秋天应该往哪飞，过冬的场所在什么地方，沿着什么样的路线前往目的地呢？

这事儿的确让人琢磨不透。比方说，一只小鸟在莫斯科或者列宁格勒附近破壳而出，它却知道要飞到南非或者印度去过冬。我们这儿有一种速度特快的小游隼，它能从西伯利亚一直飞到遥远的澳大利亚去。在澳大利亚住一段时间，然后又回到西伯利亚，在我们这儿度过春天。

（待续）

林间大战（续完）

我们《森林报》的记者们在林间发现了这么一块儿地方，在那儿，不同树木间的大战已经结束了。

而那个地方，就是我们的记者在旅行最开始时去过的云杉王国。

以下是他们了解到的关于这场残酷战争的相关情况。

大批的云杉在和白桦、白杨的激烈战斗中死去，不过最终的胜利者依然是云杉。

云杉要比白桦和白杨年轻，并且它的寿命也要比敌人长。白桦和白杨年老体衰，已经不可能再像它们的敌人那样迅速地生长了。云杉长得高过了它们，用它那毛茸茸的大手掌紧紧地遮盖住敌人，于是喜爱阳光的阔叶树逐渐开始枯萎。

云杉却不停地长高、长大，它们下面的树荫也越来越浓，绿色帐篷里也越来越暗。在那帐篷里，贪婪的苔藓、地衣、蠹虫、蠹蛾之类的东西正在等待着战败者，弥漫着浓郁的死亡气息。

时光一年一年地流逝。

距离当初那片阴森恐怖的云杉林被砍光已经有100多年了，争夺那块采伐迹地的战斗也持续了100年。如今，在原来的地方又耸立起一片阴森森的云杉林。

云杉林里，既没有鸟儿欢乐的歌声，也没有其他的小动物在里面安家落户。即便是偶然长出的绿色小植物，没过多久也会相继枯死在这阴森森的树林里。

冬天到来了。每年冬天，林木们都会休战一段时间。它们要入睡了，有时甚至比洞里的狗熊睡得还要沉，就像死去了一样。它们身体里的汁液停止了流动，它们不吃不喝，也不再生长，仅仅发出低沉的呼吸声。

侧耳倾听，一片寂静。放眼望去，这是一个尸横遍野的战场。

我们的记者们采访得知：今年冬天，按照木材采伐计划，这片阴沉的云杉林将会被砍掉。

明年，这里将会变成一片新的“荒漠”——采伐迹地。不同树木的战斗又将在这里重新上演。

但是这一次，我们不会再让云杉获胜了。我们将会干预这场持续不断的战争，把这里以前没有过的新的树种，移植到采伐迹地上来。我们还会时刻关注它们的生长，有必要的话，我们将会在树顶上砍出几扇“天窗”，让明媚的阳光照射进来。

那个时候，我们就一年四季都能在这儿聆听鸟儿那欢快的歌声了。

和平树

最近，我们学校的全体同学向莫斯科拉缅斯基区的低年级同学发出号召，倡导大家在植树周中每人种植一棵象征和平的树，并坚持把它们培养长大。小朋友们在学习，在成长，他们的和平树将会和他们一起成长。

莫斯科　朱可夫斯基第四中学全体学生

农场纪事

庄稼已经收割完毕，田野里空荡荡的一片。农场里的人们和市民都已经吃上了新粮做的馅饼和面包。

田边的宽谷和斜坡上，铺满了亚麻。经受过风吹、日晒和雨淋，现在是该把它们收起来的时候了。把它们搬到打谷场，使劲地揉搓，就能把麻剥下来。

孩子们开学已经一个月了，所以田地里看不见他们的身影。场员们快挖完马铃薯了，他们打算把这些丰收的果实运到车站去，或者直接在干燥的沙丘上挖个坑，把它们储藏起来。

菜园也变得空荡荡的。人们用车子从菜垄上拉走了最后一批卷得严严实实的包心菜。

田野里，那些秋天才种下的庄稼已经长出了绿油油的叶子。这是人们为国家准备的新收成。田野里到处都是灰山鹑，它们已经不是一家家分散开来，而是一群群聚在一起，每群都有 100 多只呢!

猎捕灰山鹑的季节将要结束了。

采集树种

9 月里，很多乔木和灌木都结出了种子和果实。这一时期最要紧的事就是尽可能多地采集种子，把它们种在苗圃里，长大以后用来绿化河岸和池塘。

大多数乔木和灌木的种子，最好在它们完全成熟以前或者刚刚成熟这一很短的时间里采摘完。特别是尖叶槭树、橡树和西伯利亚落叶松的种子，采摘更是一刻也不能耽搁。

9月份可以开始采摘的树种有：苹果树、野梨树、西伯利亚苹果树、红接骨木、皂荚树、雪球花树、马栗树和欧洲板栗树、榛树、夹叶胡秃子树、沙棘树、丁香、乌荆子树和野蔷薇。另外，克里米亚和高加索地区常见的山茱萸种子也可以采集了。

农场新闻

挑选母鸡

昨天，在农场的养禽场里，人们开始挑选母鸡。饲养员用一块木板把母鸡们小心地赶到一个角落，然后一只只抓了起来，交给专家进行鉴别。

看，专家手里正抓着一只长嘴、细长身材的母鸡，它小小的鸡冠颜色暗淡，眼神中流露出一副无精打采的样子，显得傻乎乎的，仿佛是在询问：“干吗要打扰我呀？”

专家把它放了回去，说道：“这不是我们想要的母鸡。”

他们又接过一只短嘴大眼睛的小母鸡。它的脑袋特别宽，鲜艳的鸡冠歪在一边，两只眼睛炯炯有神。母鸡一边拼命地挣扎，一边大声乱叫：“讨厌，赶快放开我，你自己不挖蚯蚓吃，难道还不让别人挖吗？”

“这只不错！”专家说，“是一只能产蛋的鸡。”

原来只有活泼乐观、精力充沛的鸡，才能下更多的蛋。

乔迁新居

春天，鲤鱼妈妈在一个小池塘里产下许多卵，这批卵孵出了70多万条小鱼苗。这个池塘里没有其他的鱼，就住着这么一家：70多万个兄弟姐妹。可是过了十多天，它们就开始觉得拥挤了，于是它们搬到了夏季的大池塘里去住。鱼苗们在池塘里快乐地成长，秋天来临以前，人们开始称呼它们为鲤鱼了。

现在，小鲤鱼们再一次准备搬家了——它们要到冬季的池塘去住。过完这个冬天，它们就一周岁了。

星 期 日

星期天，小学生们来到朝霞农场，帮助场员采收甜菜、冬油菜、芜菁、胡萝卜和香芹菜。孩子们发现，芜菁的块根竟然比脑

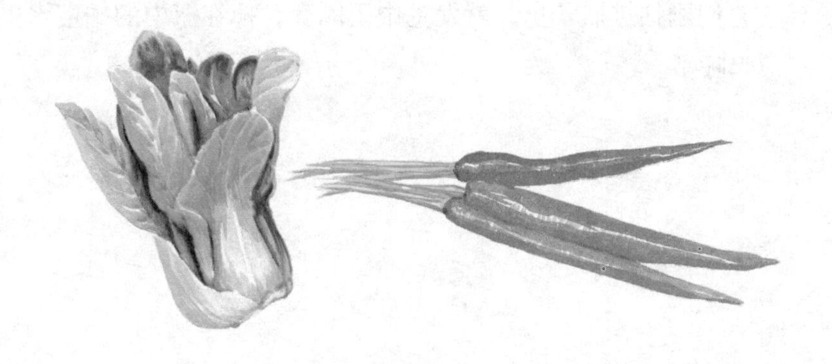

袋瓜最大的瓦吉克的头还要大。然而，最让他们惊奇的，还是做饲料用的胡萝卜。

坎娜把一个胡萝卜竖在她的脚旁，发现它竟然跟自己的膝盖一般高！胡萝卜的上半截，有一个巴掌那么宽。

“在古代，人们一定会用这种根去打仗，”坎娜说，“用芜菁代替手榴弹，投过去准能砸晕敌人；肉搏战的话——砰，就用这种大胡萝卜敲敌人的脑袋！”

“古时候，人们根本就培育不出这么硕大的根！”瓦吉克反驳道。

把小偷关起来

“把小偷关在瓶子里。”农场的养蜂员说。

那天，天气十分寒冷，蜜蜂都待在蜂房里。一群强盗——黄蜂们正在等待时机。它们溜到养蜂场，想偷蜂房里的蜂蜜。可是，还没等到它们接近蜂房，就闻到了香甜的蜂蜜味。原来养蜂场上摆放着不少装着蜂蜜水的瓶子。这时，黄蜂们改变了主意，不去蜂房里偷窃了。也许它们觉得去吃瓶子里的蜂蜜比偷窃要文明一些，而且没有什么风险吧。

它们刚钻进瓶子里，就发觉中了圈套，掉在瓶中的蜂蜜水里一命呜呼了。

尼·巴甫洛娃

狩　猎

上当的琴鸡

秋天将要来临的时候，琴鸡会很快地集合起来，一群一群的。里面有翅膀紧绷的黑色雄琴鸡，有夹杂着斑点的棕黄色雌琴鸡，也有年幼的小琴鸡。

它们一群群闹哄哄地往浆果林里面飞去。

它们在地上四散开来。有的在品尝坚硬的红越橘；有的用爪子刨开草，啄食下面的细沙和碎石——细沙和碎石能够磨碎胃里面坚硬的食物，有利于消化。

突然，不知道是谁步履匆匆地行走在干枯的落叶上，发出沙沙的响声。

听见动静，琴鸡们停止了啄食，高抬起头，警觉起来。

响声越来越近！一只莱卡犬的脑袋在丛林间一闪而过，它的两只耳朵直直地竖立着。

琴鸡极不情愿地飞上了树枝，有的干脆就躲在草里。

莱卡犬在浆果林里到处乱闯了一阵，把琴鸡吓得都跑开了。

后来，它就蹲坐在一棵浆果树底下，眼睛紧盯着枝头的那只琴鸡，汪汪乱叫。

琴鸡也用眼睛瞪着它，丝毫没有惧意。不一会儿，琴鸡就觉得无聊了，在枝头上来回走动，不时地回头看看莱卡犬。

真烦人，干吗老在那儿待着不走！肚子也饿了……赶快走吧，它走了之后，我就又可以下去啄果子吃了……

砰！突然一声枪响，一只琴鸡从树上掉了下来。原来它在看莱卡犬的时候，猎人悄悄地走了过去，出其不意地一枪把它从枝头打了下来。这群琴鸡受到惊吓，拍打着翅膀冲向空中，向远离猎人的地方飞去了。林中的小树和成块儿的空地在下面一一闪过。应该在哪儿歇脚呢？那儿是否隐藏着猎人呢？

它们突然看见几只黑琴鸡蹲在白桦林那光秃秃的树顶上，没错，一共三只。落在那儿应该没有什么危险。假如白桦林里有人的话，那三个家伙绝对不会一动不动地安静地待在那儿。

琴鸡群越飞越低，闹哄哄地停满了树梢。原来的那三只黑琴鸡，像木头一样待在那儿一动不动，连看都没看它们一眼。刚落下来的琴鸡好奇地端详着它们。这是三只地地道道的琴鸡：浑身漆黑，眉毛鲜艳，翅膀上布满白色的斑点，尾巴叉开，眼睛乌黑发亮。

一切都很正常。

砰！砰！随着两声枪响，有两只新来的琴鸡一头从树上栽了下去！

这是怎么回事啊？哪儿来的枪声？

树顶的上空飘起一阵薄薄的烟雾，转眼间就消散了。原来的那三只琴鸡，还是保持着同一个姿势，在枝头待着不动。新来的琴鸡们看着它们，也选择了留下——下面一个人也没有，为什么要飞走呢？它们仔细地观察了一下四周，又安下心来。

砰！砰！

一只雄琴鸡“啪”的一声从枝头掉到地上；另外一只突然全力蹿向树顶，可惜刚飞起来就跌了下来。琴鸡群这才惊慌失措地从树上飞起，在那只受了致命枪伤的伙伴摔到地上之前，逃得无影无踪了。只有原来那三只琴鸡，依然岿然不动，静静地待在那儿。

从树底下一个隐蔽的棚子里，走出一个持枪的人，他捡起了那几只死琴鸡，然后把枪靠在旁边，爬上了白桦树。

树顶上三只琴鸡的黑色眼睛，仿佛若有所思地凝视着远方的森林，原来那只不过是几对黑色的玻璃珠子。这三只琴鸡都是用黑色的绒布做成的，只有嘴巴才是真正的琴鸡嘴，还有分叉的尾巴，也是用真正的羽毛做的。

猎人取下了这只假琴鸡，然后又爬上了另外一棵树，取下另外两只假琴鸡。

远处，那些惊魂未定的鸟儿正在飞过一座丛林。它们疑惑地审视着丛林里的每一棵树——究竟什么地方还会有新的危险？到哪儿去躲避那个诡计多端的持枪人呢？你永远也不会知道，他会对你设下什么样的圈套……

好奇的雁

每个猎人都清楚，雁的好奇心很强。他们也十分清楚，雁比其他鸟儿都要谨慎。

一大群雁停落在一个距离河岸足足有一公里远的浅沙滩上。那里人是走不过去的，也爬不过去，即便坐车也难以到达。雁把头深深地埋在翅膀里，缩起一只脚，安心地酣睡。

怕什么呢，它们可是有专门放哨的士兵的！在这群雁的四周，各站着一只老雁。它们既不睡觉，也不打瞌睡，而是全神贯注地注视着四周。在这种滴水不漏的防卫下，你倒试试看，如何打它们个措手不及？

岸上突然出现了一只小狗，那几只放哨的老雁，立即机警地伸长了脖子，密切监视着这只狗的一举一动。

狗在岸上来回跑动，一会在这边，一会又跑向那边，不知道在沙滩上捡些什么东西。对于这些沙滩上的雁，它连瞅都不瞅一眼。

一切看似都很正常。不过，雁很好奇：这只狗干吗在那儿不停地跑来跑去呢？最好上前去看个明白……

一只哨兵摇摇摆摆地走进水里，向前游去。轻微的溅水声惊醒了另外几只雁，它们也看见了小狗，于是跟着哨兵一起游了过去。

雁游近以后才看清楚，原来，从岸上的一块大石头后面，不断地飞出许多面包团，一会儿飞向这，一会儿飞向那，面包团都落在沙滩上。小狗摇晃着尾巴，扑上去捡个不停。

哪儿来的面包团呢？

到底是谁待在石头后面？

好奇心驱使着几只雁越游越近，游到了岸边。它们伸长了脖子，想一窥究竟。突然，几声枪响！藏在石头后的猎人跳了出来，用他那百发百中的枪法，把这些好奇的脑袋全部打到了水里。

开禁了，猎兔去

出　发

跟往年一样，10 月 15 日，报纸上宣布，可以开始猎兔了。

好似 8 月初那会儿，车站里又挤满了大批的猎人。他们依然带着猎犬，有的用皮带牵着两条甚至更多。但是，这些狗已经不再是夏天时他们带去狩猎的那些长着卷曲长毛的猎犬了。

这批猎犬高大壮实，腿显得又长又直，脑袋大大的，有着一张长得像狼似的大嘴，身上的毛五颜六色：有黑色的，有灰色的，有褐色的，有黄色的，还有火红的；每条狗身上的斑纹也不尽相同：有黑斑，有红斑，有黄斑，有褐色的斑纹，还有火红夹杂着暗黑色的斑纹。

这是一群特殊的或雄或雌的猎犬。它们的任务是追踪兽迹，进而把野兽从洞中撵出来，一边追赶一边汪汪大叫，以便让主人知道野兽逃向何方。这样，猎人们就可以在野兽的必经之地做好准备，迎面射击了！

在城市要想养活这些庞大的猎犬可不是一件容易的事，因此许多人无狗可带。我们这群人就没有带狗。

我们准备到塞索伊奇那儿去，一起围猎野兔。

我们一行总共有 12 个人，占了车厢里的三个单间。不少旅客一边惊讶地注视着我们的一个同伴，一边低声地谈论着。

这个同伴确实引人注目：他是一个大胖子，胖得几乎连门都进不来，体重足足有 150 公斤。

他不是猎人，但却是一个射击的好手。医生建议他多走走。为了使平时无聊的散步变得更有趣一些，他决定跟着我们一起去打猎。

围　　猎

火车在夜晚到达。塞索伊奇在林区的小车站里迎接我们，我们去他家里住了一个晚上。第二天天一亮，我们这伙人就吵吵嚷嚷地出发了。塞索伊奇找来了 12 位农场的场员，让他们做围猎的呐喊人。

走到森林边儿上，我们停了下来。我把写有编号的纸片团成小球，丢进帽子里，我们 12 个猎手按照顺序抽签，抽到第几号就站到第几号的位置上。

呐喊的人都到森林的外围去了。在宽阔的林间道路上，塞索伊奇按照各人抽到的号码安排其站到相应的位置上。

我抽到了 6 号，而我们的胖兄抽到了 7 号。塞索伊奇指定我站的位置之后，就去叮嘱这位新猎手，告诉他围猎的规矩：不要沿着狙击线开枪，否则可能会不小心伤到他人；当外围呐喊的人声音靠近时，要停止射击；禁止伤害雌鹿，要等待信号指示。

胖兄离我约有六十步远。猎兔跟猎熊还不一样，猎熊时，两个猎手之间的距离可达150步远呢。塞索伊奇在狙击线上也不忘开玩笑，他耸耸肩向胖兄笑道：

“你怎么喜欢往灌木丛里钻啊？这样子开起枪来可不方便，你跟灌木并排站着吧，对，就这儿。兔子习惯朝下看。两腿分开一点吧，你的腿看起来好像两根大木桩，没准儿兔子会一头撞在上面呢。”

塞索伊奇安排好所有的狙击手以后，就跳上了马，去安排森林外那一群呐喊的人们了。

还要等很长一段时间，围猎才能正式开始。我无聊地打量着四周。

在我前方约四十步的地方，矗立着一大片树林，里面有光秃秃的赤杨和白杨，也有叶子已经落了一半的白桦，还夹杂着一些看起来毛茸茸的云杉，它们就像一堵厚厚的墙一样挡在那儿。过了一会儿，藏在密林深处的兔子或者琴鸡可能就会穿过这片由笔直的树干混合而成的林子朝我这儿跑来。如果运气好的话，可能还会有长着翅膀的林中巨禽——大松鸡的光顾。我能打中它们吗？

时间过得太慢了，就跟蜗牛爬行似的。不知道胖兄感觉如何？

他轮换着双腿站立，或许他是想把腿叉开

得更像树桩一些吧……

突然，外面两阵响亮的号角声传到了寂静的森林里：这是塞索伊奇催促围猎呐喊队员向前——朝我们前进的信号。

胖兄抬起他那火腿般的胳膊。双筒猎枪在他的手里，看起来就跟细细的手杖似的。他稳稳地站在那儿，一动不动。

真是一个傻瓜！准备得也太早了吧——胳膊不酸才怪呢。

还是听不见呐喊人的声音。

可是，我们已经听见枪声了。沿着狙击线，右边先传来一声枪响，接着左边也响了两声。别人都开始开枪了，可我们这边还没动静呢！

胖兄也开火了，砰！砰！他在打琴鸡！遗憾的是他没击中，琴鸡远远地飞走了。

树林里终于传来了围猎呐喊人低沉的呼应声和木棒敲击树干的声音。两侧也响起了赶鸟器的声音……然而，让人颇觉遗憾的是没有任何飞禽走兽奔向这边。

终于来了一只！一只灰白相间的东西，从树干后一闪而过，原来是一只还没换完毛的白兔。

哈，这猎物我要定了！咦？好小子，竟然拐弯了！朝着胖子蹿了过去……哎呀，胖兄，你怎么这么慢吞吞的？快开枪啊！快！

砰！砰！兔子径直向他冲了过去——没打中！

砰！砰！

一团灰白色的东西从兔子身上落了下来。兔子慌不择路，竟然从胖子那树墩般的两条腿中间蹿了过去。胖兄赶紧把两条腿一夹……

难道用腿也可以捉兔子吗？

白兔溜走了，留下了胖子那扑倒在地的庞大身躯。

我笑得眼泪都快流出来了。朦胧中看见两只白兔一溜烟似的从树林里蹿到我的跟前，可是我不能开枪，因为兔子始终是沿着狙击线逃跑的。

胖兄艰难地用双膝着地，慢慢爬了起来。他把手中紧握的一团白绒毛递给我看。

我冲他喊道："没事吧？"

"不要紧，我好歹把它的尾巴给夹了下来。看，兔子的尾巴尖！"

真是一个怪人。

枪声停止了。呐喊的人从森林中出来了，朝胖子走去。

"叔叔，你是神父吧？"

"他准是，你看他那个肚子！"

"胖得有点叫人不相信啊？不会是衣服里塞满了野味吧？"

可怜的神枪手啊！在城市里，在我们的练习场上，谁能相信

会发生这样的事儿呢?

就在这时，塞索伊奇开始催促我们去田野里，准备进行新一轮的围猎。

我们这一大群人，又闹哄哄地沿着林中的道路返回了。一辆大马车载着猎物，跟在我们后面慢悠悠地晃荡着。胖兄也爬上了马车——他累了，一个劲儿地喘粗气。

猎人们对胖兄丝毫不留情面，不住地对他冷嘲热讽。

突然，在道路拐弯处的丛林上空，出现了一只大黑鸟，足足有两只琴鸡那么大。它沿着道路，从我们头顶上方飞过。

大家都急忙端起猎枪，一连串的枪声响彻了森林。每个人都急欲打下这难得一见的猎物。

黑鸟依然飞着，已经飞到了马车的上空。

胖兄依然坐着，却端起了猎枪，端起了那条在他粗壮胳膊的对比下显得细如手杖的双筒猎枪。他开枪了。

在大家的注视中，那黑鸟身子一歪，终止了飞行，像块木头似的从半空中直直地坠到路旁。

“好身手，干净利落！”一个场员说道。猎人们都不好意思再吭声了：我们大家不是都开枪了吗，只是……

胖兄走过去拾起那只长有胡子的老松鸡，它比兔子还要沉呢！我们每个人都愿意用自己今天的全部猎物去交换胖兄手中的野禽。

没有人敢再讥笑胖兄了。至于他如何用腿去夹兔子，大家好像也都忘了。

本报特约记者

祖国各地无线电大串联

呼叫！呼叫！

这里是列宁格勒《森林报》编辑部。

今天是9月22日，秋分。我们继续通过无线电广播播报全国各地新闻。

苔原、原始森林、草原和海洋，请注意！

现在，请汇报你们那儿秋天的情形怎么样。

请回复！请回复！

雅马尔半岛苔原回电

我们这儿的一切都已经结束了。夏天，岩石曾是群鸟会聚的集市，现在却再也听不见岩石上鸟儿那婉转的歌声了。小巧玲珑的鸟儿都已经离开这里，雁、野鸭、鸥和乌鸦也都飞向了远方。整个荒原一片寂静。只是偶尔会传来一阵令人心悸的骨头撞击的声音，那是雄鹿在用犄角进行决斗。

从8月份开始，清晨的气温就比较低了。现在，所有的水面都已经封冻了。捕鱼的帆船和汽船已经早早地离开。那些晚走了几天的轮船，已经被牢牢地冻在河里。现在，笨重的破冰船正在坚固的冰原上，艰难地为它们开辟一条航道。

白昼越来越短，长夜漫漫，漆黑而寒冷。只剩下白色的苍蝇在空中飞舞着。

乌拉尔原始森林回电

现在，我们正忙着迎送一批又一批的客人。我们在迎接从北方、从苔原来到我们这儿的鸣禽，诸如野鸭和大雁之类的。它们只是一群过客，停留的时间很短暂：今儿个飞来一群，休息一会儿，吃点儿东西，明天你再去看，它们已经不在了——半夜里，它们就从容不迫地飞向了远方。

我们也在欢送在这一片土地上度夏的鸟儿。这些候鸟，绝大多数都已经踏上了漫长的旅途，去追寻那正在离我们而去的阳光，到一个明媚的地方去享受温暖的冬日。

寒风从白桦、白杨和花楸（qiū）树上卷下了那些枯黄发红的叶子。落叶松闪现着金黄色的光辉，原本柔滑的针叶变得干硬粗糙；每到晚上，都会有一些笨重的，长着胡子的雄松鸡落到落叶松的枝头。这些浑身乌黑发亮的松鸡，蹲在色彩柔和的金黄色针叶林间啄食松果。榛鸡在黑黝黝的云杉林间尖叫着蹿来蹿去。这里出现了很多红色胸脯的雄灰雀、浅灰色的松雀、红脑袋的朱顶雀和角百灵。这些鸟儿都来自遥远的北方，它们不准备再继续南飞了——它们觉得我们这儿挺好的。

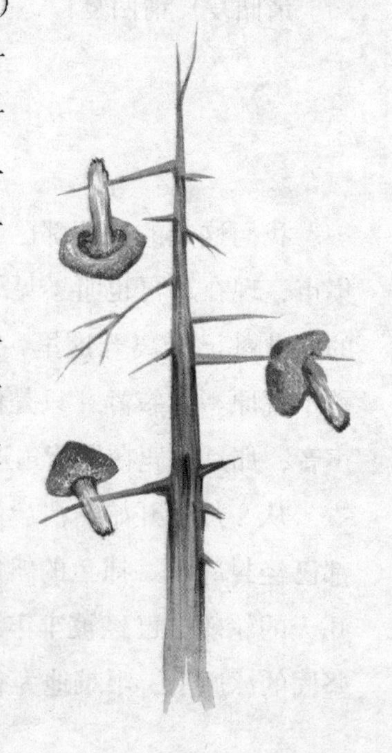

田野里一片荒芜。在晴朗的天气里，细长的蛛网在丝丝微风的吹动下，在田野的上空飞舞。这儿，还盛开着最后一季三色堇。生长着桃叶卫矛的灌木丛中，悬挂着许多颜色鲜红的，如同中国小灯笼似的球形果实。

我们快要挖完马铃薯了，菜园里正在收割最后一批蔬菜——卷心菜。菜窖被我们塞得满满的，足够过冬了。我们还在森林里采集了很多杉松的坚果。

小兽们也不甘落后。尾巴细长，背上有五道刺眼的黑条纹的金花鼠，正在匆匆忙忙地把杉松的坚果拖到树墩下，它们还从菜园里偷了不少葵花子，把仓库填得满满的。棕红色的松鼠已经开始换上淡蓝色的皮袄了，正忙着在树上晾晒着蘑菇呢。林中的长尾鼠、短尾野鼠和水老鼠，都在搬运各种各样的谷粒，装满它们的地窖。林中那长着花斑的乌鸦也在忙着搬运坚果，藏到树洞里、树根底下，以备不时之需。

熊给自己找好了新家，正忙着用爪子撕扯云杉树皮当作自己的褥子呢！

大家都在辛勤地忙碌着，准备迎接冬天的到来。

沙漠回电

我们这里完全是一派欣欣向荣的景象，到处都是生机勃勃的。

难以忍受的酷热渐渐退去，雨开始下个不停。空气清澈透明，远方的景物清晰可见。绿油油的小草又开始抛头露面；以前那些躲避夏日强光的动物，重新又蹿了出来。

甲虫、蚂蚁、蜘蛛都从地下爬了出来。细爪子的金花鼠也从洞里探出了脑袋；跳鼠拖着一条细长的尾巴，像小袋鼠一样蹦来

蹦去。从毒辣的夏日阳光中苏醒过来的巨蟒，又开始捕食这些小动物们了。猫头鹰、草原狐、沙漠猫也突然之间现身了。黑尾羚羊、弯鼻羚羊这类快腿的家伙在沙漠上飞奔着。鸟儿的身影也出现在空中。

这里又是一派春天的景象了，完全不像沙漠：绿色满目，生机盎然。

我们继续在沙漠里前行。

成百上千公顷的土地都即将铺上防护林带。防护林将保护农田免遭来自沙漠热风的侵袭。而此举的最终目的，是要将沙漠变为绿洲。

世界屋脊回电

这里是帕米尔高原，山脉巍峨高大，人们都把它叫作世界屋脊。其中的有些山峰高达 7000 米，直入云霄。

在我们这里，夏天和冬天同时出现：山下是夏天，山顶是冬天。

现在，秋天来临了，冬天的气息开始从云端往下降，从山顶往下降，于是各种生命都开始往山下转移。

有一种居住在山里的野山羊，它们夏天居住在凉爽的悬崖峭壁上。现在，它们开始下山了——峭壁顶上所有的植物都被大雪埋了起来，它们没有东西可吃了。

山上的绵羊也撤离了牧场，开始往山下转移。

夏天的高山草场上，经常可以见到很多硕大的土拨鼠，现在，它们也消失了踪迹，都钻到地下的洞里面去了。它们在那儿储藏了足够过冬的口粮，然后用干草堵住洞口，舒舒服服地躺在洞里，一个个养得肥肥胖胖的。

公鹿和母鹿都沿着山坡走了下来。野猪躲在胡桃树、阿月浑子树和野杏树林中，无聊地等待着冬天的降临。

在山下面的溪谷和山涧中，突然出现了一些夏天从未见过的鸟儿，它们中有角百灵，有烟灰色的草地鹀（wú），有红背鸲（qú）以及神秘的蓝鸟——山鸫。

另外，还有很多鸟儿正从遥远的北方成群结队地飞到我们这儿来，因为这儿有各种各样的食物供它们享用。

现在，山下面经常是秋雨连绵，冬天一步步临近。而山上，此刻已经大雪纷飞了。

人们还在不停地忙碌着，有人在田里采棉花，有人在果园里采摘各种水果，还有人在山坡上采胡桃。

此刻，通往山上的道路早已被皑皑白雪盖住了，无法通行。

乌克兰草原回电

在被太阳炙烤着的辽阔草原上，有许多圆滚滚的小球在欢快地跳跃，它们来到人们跟前把人团团围住，有的甚至撞到人们脚上，可是你一点儿都不会觉得疼痛：它们实在是太轻了！原来它们根本就不是什么小球，而是一团团的干草枯茎，草尖和茎叶弯弯翘起，圆圆的跟小球似的。你看，这些枯草团越过石头和沙丘，飞到小山后面去了。

阵阵秋风，把一丛丛成熟的风卷球连根拔起，然后像推着车轮似的带着它们满原野乱跑，风卷球就趁着这个机会，沿路撒播自己的种子。

要不了多久，热风就将无法在草原上肆无忌惮地游荡了。我国人民培育的森林带，已经渐渐开始发挥作用了，它们保卫着一块块农田，使我们的庄稼免遭灾害的侵袭。连接伏尔加河和顿河的列宁通航大运河，为这里带来了充足的灌溉水源。

现在，我们这儿正是狩猎的好时光。沼泽地里的芦苇丛中聚集了各种各样的野禽和水鸟，它们有本地的，也有过路的。峡谷中野草茂盛的地方，栖息着一群群肥胖胖的小鹌鹑。草原上到处都是兔子，我们这没有雪兔，都是那些带着棕红色斑点的大灰兔，狐狸和狼也非常多。如果你习惯用枪，那就用枪打吧！要不然，你放猎狗去捉也行。

在城里的水果市场上，西瓜、香瓜、苹果、梨和李子堆积得跟小山似的。

海洋回电

我们穿过北冰洋的冰原带，穿过亚洲和美洲之间的海峡，就进入了太平洋，或者更确切地说——进入了一望无际的大海。在白令海峡和鄂霍次克海，我们常常碰到鲸。

以前真是没有想到，世界上居然还有如此神奇的动物！它们的体形、重量和力气，简直让人惊叹不已！

我们亲眼看见过一头鲸——看起来像是一头露脊鲸，要不就是须鲸——被人们拖到捕鲸船的甲板上。这头鲸长达 21 米，相当于 6 头大象首尾相连排成一队那么长！它的嘴巴足足容得下一只载着划桨人的木船。

光是它那颗心脏，就重达 148 公斤，抵得上两个成年人的体重。这头鲸鱼重达 55000 公斤，也就是 55 吨啊！

如果能够造出一架巨大的天平的话，把这头鲸放在一个天平盘里，为了使天平达到平衡，另一个天平盘里必须得站上 1000 个人——即便这么多，可能也还不够呢。况且这头鲸还不是最大的，有一种蓝鲸，身长 33 米，重达 100 多吨呢……

鲸的力气大得让你难以想象：如果一头鲸被带绳索的鱼叉叉住，它能将绳索另一头的渔船拖着跑一天一夜；更糟糕的是，万一它潜进水里，倒霉的渔船也会被拖进海中。

这样的事情，从前真的发生过。如今，却是另外一回事了。我们简直就不敢相信，横躺在我们面前的这个“肉山”似的庞然大物，几乎是一眨眼的工夫，就被人给杀死了。

不久前，人们还在用那种短标枪捕鲸。水手们站在船头上，使劲地把鱼叉投向鲸鱼脊背。后来，捕鲸人开始用特制的炮弹筒发射带索的标枪捕鲸。被标枪击中并不怎么要紧，威胁到鲸的生命的是电流：原来带索的标枪上带有两根电线，电线的另一头连接着船上的发电机。在带索的标枪像针一样刺入这个庞然大物身体的那一瞬间，两根电线连接起来，暂时的短路产生的强大电流瞬间就可以把鲸击昏。

这个家伙那庞大的身躯抖动了两下，2 分钟以后就死了。

在白令海峡附近，我们见到了海狗；在铜岛周围，我们看见了大海獭，它正带着孩子们嬉戏。这些野兽的皮毛非常珍贵。它们一度险些被人类赶尽杀绝，后来由于受到法律的严格保护，才得以幸存。现在，海獭的数量已经明显增多了。

在堪察加半岛的海岸边，我们看见了一群海驴，它们差不多都有海象那么大。

然而，一旦见过鲸之后，你就会觉得这些动物实在是太小了。

现在适逢秋天，鲸已经开始离开我们，准备到热带的温暖海域去了。它们将在那里产下小鲸。明年，鲸妈妈将会带着它们的孩子，重新回到这里，回到太平洋和北冰洋的海水里来。那些还在吃奶的小鲸，个头竟然也要比两头牛还大呢。

我们这儿是禁止捕杀幼鲸的。

我们和全国各地的无线电大串联就此告一段落。

下一次，也是最后一次通报，将于 12 月 22 日举行。

10月21日~11月20日
太阳进入天蝎宫

No.8

粮食储备月

（秋季第二月）

一年：太阳在 12 个月内谱写的乐章

10 月——落叶缤纷，满地泥泞，这是一个向冬季过渡的季节。

阵阵西风紧吹，最后一批坚守阵地的树叶也纷纷脱离了大树妈妈的怀抱，连绵的阴雨下个不停。一只浑身湿漉漉的乌鸦，寂寞而无聊地待在篱笆上。它也快要出发了。在我们这儿度夏的灰色乌鸦，早已悄悄地离开，飞往温暖而阳光明媚的南方去了；同时，这儿又悄悄地飞来了一批生活在北方的灰色乌鸦。原来乌鸦也是一种候鸟啊！生活在遥远北方的乌鸦跟我们这儿的秃鼻乌鸦一样，春天第一批飞来，秋天最后一批飞走。

秋天，已经忙完了第一件事儿——为森林脱下华美的外套；现在，开始忙第二件事了——给水降温，让它越变越凉。清晨，林中的池塘经常被松脆的薄冰覆盖。和天空中一样，水里的生命活动也越来越少。夏天，在水中争奇斗艳的花儿，早已经把种子丢进水底，把细长的花梗缩回水中。热天里在水面活蹦乱跳的鱼儿现在都游到了深坑里——那儿的水不结冰。拖着条长尾巴、身躯绵软的蝾螈，已经在池塘里泡了一个夏天，现在也从水中钻了出来，爬上陆地，找了个长满厚厚青苔的树根过冬去了。只要是不流动的水都已经冻结了。

陆地上的那些冷血动物，现在都快冻僵了。昆虫、老鼠、蜘蛛，还有蜈蚣，都消失了踪影。蛇爬进干燥的洞里，盘成一团，一动也不动。蛤蟆钻进了烂泥堆，蜥蜴藏进脱落的树皮里，大家都开始冬眠了……野兽们，有的穿好了厚厚的暖和的皮袄，有的储存好了充足的冬粮，还有的在建造自己温暖的小窝，大家都在为过冬做准备呢……

在这个萧条的季节，户外的天气常常可以分为七种：播种天、落叶天、破坏天、泥泞天、怒吼天、大雨天，还有扫叶天。

准备过冬

天气还不是特别冷，但是丝毫疏忽不得。这个季节寒潮说来就来，一眨眼的工夫，整个大地就会冰封起来。到时候，到哪儿去找食物呢？到哪儿去藏身呢？

森林里所有的动物都在忙活着，按照自己的方式准备过冬。

该走的，早就已经展翅离开了，去遥远而温暖的地方躲避寒冷与饥饿；留下来的，都在忙着填充自己的仓库，储备足够的冬粮。

看，短尾野鼠正在起劲儿地搬运粮食。绝大多数野鼠直接在干草垛里或者粮食垛下安家，这样比较方便它们每天夜里往洞里偷运粮食。

每一个洞里，都有五六条小道，每一条小道，都通往一个洞口。洞的最下面，还有一间卧室和几间仓库。

只有到了冬天最冷的时候，这些野鼠才会去睡觉。因此，它们有足够的时间来储藏大量的冬粮。有些野鼠洞里，已经堆积了差不多有四五公斤重的精选的谷粒。

这些小啮齿动物们最喜欢在庄稼地里偷粮食了。我们对它们可要多加防备啊!

雪下过冬

森林中的树木和多年生的草本植物，都已经为过冬做好了准备。一年生的草本植物已经撒下了它的种子，但并不是所有一年生的草本植物都以种子的形态过冬，有的现在就已经发芽了。在深翻过的菜园里，很多一年生的杂草都已经生长了起来。在那光秃秃的黑色土地上，有一簇簇锯齿状扁叶的荠菜；有和荨麻相似的、毛茸茸的紫红色野芝麻；还有娇小可爱的洋甘菊、三色堇和犁头菜；当然，还有那些让人讨厌的繁缕。

这些幼苗都已经做好了充分的准备，它们要在雪下睡上整整一个冬天，顽强地活到来年的春天。

尼·巴甫洛娃

活体储藏室

姬蜂为它的幼虫找到了一间非常奇妙的储藏室。姬蜂有着一双能够快速扇动的翅膀，有着一对朝上卷曲的触角，触角下生着一双敏锐的眼睛。身体中间的纤腰，把它的胸部和腹部分为两截。腹部末端的尾巴尖上，有一根像绣花针一样细长挺直的尾刺。

夏天的时候，姬蜂找到了一条又肥又胖的蝴蝶幼虫。它飞到

幼虫身上，把细长的尾刺戳进幼虫的皮肤里，使劲地钻了一个小洞，然后在小洞里产下一个卵。

姬蜂满意地拍拍翅膀，离开了。蝴蝶幼虫很快从惊吓中恢复了过来，继续啃起树叶。秋天来临的时候，蝴蝶的幼虫开始结茧，变成了蛹。

此时，在蛹的体内，姬蜂的幼虫正在破壳而出。这个坚固的茧既暖和又安全。而蝴蝶幼虫的蛹，则成为它丰盛的美食，足够它吃上一年呢。

第二年的夏天一到，茧就裂开了，但是从里面飞出来的不是蝴蝶，而是一只身材细长，身着黑红黄三色艳装的姬蜂。姬蜂算得上是我们的好朋友，因为它杀死了害虫的幼虫。

松鼠的阳台

松鼠们在树枝上搭建了好几个圆圆的窝。它们把其中的一个当作储藏室，里面存放着它们从林中收集来的小坚果和一些球果。

另外，松鼠还采摘了一些蘑菇，像油蕈（xùn）和白桦蕈之类的。趁着好天气，它们把蘑菇挂在树枝上晒干。到了冬天，它们在枝头闲逛时，就可以把蘑菇当作可口的点心了。

自备式储藏室

还有不少动物，它们并不用特意为自己建造什么储藏室。原因是它们的身体就是最好的储藏室。

在食物丰盛的秋季，它们一连几个月放开肚皮，大吃大喝，吃得肥肥胖胖的，长出了一身厚厚的脂肪，这样，自备式储藏室就建成了。

要知道，皮下生成的厚厚的脂肪层，就是它们储藏的食物。等到冬天没有什么东西可吃的时候，这些脂肪就像食物的养分一样透过肠壁，渗透到血液里，血液再把养料输送到动物的全身。

整个冬天都在睡懒觉的熊呀，獾呀，蝙蝠呀，以及其他各种各样的野兽，都具有这种自备式储藏室。它们提前把肚子吃得饱饱的，然后就倒头呼呼大睡。

脂肪还能够起到保暖御寒的作用，它能够让动物们在寒冷的冬季免受寒气的侵袭。

林中逸闻

小偷反被偷

长耳鸮（xiāo）是森林里相当狡猾的一种动物，并且喜欢偷东西。可是让人没想到的是，小偷居然也有被偷的时候。

从长相上看，长耳鸮酷似雕鸮，只不过它的个头儿比雕鸮要小一点儿。它的嘴巴像个钩子，头上的羽毛直直地竖立着，一双明亮的眼睛又大又圆。无论在多么漆黑的夜里，它的双眼都能看清物体，双耳都能听清声音。

老鼠刚刚在枯草堆里发出一阵窸窣声，长耳鸮就已经精确无误地飞落到它的身边。只听见“笃”的一声，老鼠就被它抓到半空里去了。兔儿刚从林中空地跑过，这个黑夜大盗就已经悄无声息地飞到它的头顶。又是“笃”的一声，兔儿无力地在它的利爪下挣扎了几下就不动了。

长耳鸮把它的猎物拖回到树洞里。它自己不吃，当然也不会给别人吃——它要把猎物储藏起来，留到冬天找不到食物的时候再慢慢享用！

白天，它就待在树洞里，守护着储藏物，夜晚才飞出去继续狩猎。它还会时不时地回去查看一番，看食物是否还在那儿。

一天，长耳鸮突然发现，树洞里的储藏物好像变少了。这位主人的眼睛是很厉害的，虽然它不会数数，但是它能够用眼睛估算。

天黑了，长耳鸮肚子也饿了，它又飞出去捕食了。等它回来一看，储藏的老鼠一只也没有了，只见一只和老鼠一样大小的灰色小野兽，正在树洞底下爬动。

它想抓住那只野兽，可是那只小东西敏捷地蹿进了一条裂缝，溜掉了。它的嘴里还叼着一只小老鼠呢！

长耳鸮不甘心地追了过去，差不多就快要追上了，可是定睛一看，瞅清了小偷的身份，就不敢上前去抢夺被偷走的老鼠了。原来这小偷就是在动物界以凶狠残暴闻名的伶鼬。

伶鼬专靠打劫为生。它块头儿虽不大，却是凶猛而机灵，敢于和长耳鸮一争胜负。如果长耳鸮被它一口咬住胸部，那就只有等死啦。

红胸脯的小鸟

夏日的一天，我正走在树林里，突然听见茂密的草丛中好像有什么东西在跑动。刚开始把我吓了一跳。后来我仔细一看，原来是一只鸟儿被青草给绊住了。这是一只体形很小的鸟，浑身上下全是灰色，只有胸脯一小片是红色的，显得娇小可爱。我满心欢喜地把它带回了家。

一到家里，我就掰了点面包屑喂它。它吃了点东西以后便活跃了许多。我特地给它做了一个鸟笼，又捉了一些小虫子供它享用。就这样，它在我家里住了整整一个秋天。

有一次，我出去玩，忘了关紧鸟笼，结果我家的猫钻了进去，把那只可爱的小鸟给吃掉了。

我太喜欢这只小鸟了，它的死亡让我大哭了一场。然而，一切都于事无补了！

驻森林记者　格·奥斯塔宁

捉松鼠

松鼠每年都在操心一件事，那就是必须要在夏季采集好余粮，留到冬天吃。我亲眼看见一只松鼠，从云杉上摘下一个球果，费力地往洞里拖去。我在这棵树上做了一个记号。过了一段时间，我们砍倒了这棵树，把松鼠从窝里掏了出来，发现它的窝里有好多球果。我们把松鼠带回家，把它安置在一个笼子里。一个小男孩儿把手指伸到笼子里去逗它，结果小松鼠一口就把他的指头咬破了——你瞧，它多么厉害啊！我们喂了它很多云杉球果，它挺喜欢吃的。然而，它最爱吃的还是榛子和胡桃。

驻森林记者　斯米尔诺夫

星鸦之谜

我们这儿的森林里有这么一种乌鸦，它比普通的灰色乌鸦小一点儿，浑身都是斑点。我们管它叫星鸦，在西伯利亚，人们称其为星乌。

星鸦通常把采集来的松子储藏在树洞里或者树根下，作为过冬的食物。

一到冬天，星鸦就经常从一个地方游荡到另一个地方，从这片森林飞到那片森林，享用那些早已经储存好的干粮。

它们享用的是自己储藏的食物吗？不是的。每一只星鸦所享用的都不是它自己储藏的松子，而是它们同族的干粮。它们飞到一片森林后，第一件事就是马上开始寻找其他星鸦储藏在这片树林中的食物。它们仔细地查看所有的树洞，在树洞里搜寻坚果。

那些藏在树洞里的坚果当然比较好找。可是，在冬天里，如何找到那些藏在树根下和灌木丛中的坚果呢？要知道，整个大地都被大雪盖得严严实实的啊！然而，星鸦飞到灌木丛边，刨开积雪，总能精确地找到同类藏在其中的食物。周围有上千棵乔木和灌木，它怎么会知道是这一棵下面藏着食物呢？难道它有什么记号吗？

我们不得而知。

我们得想一个巧妙的实验来探索探索，看看星鸦究竟是用什么法子，在皑皑的白雪底下找到同类储藏的食物的。

女巫的扫帚

现在，树木都是光秃秃的。抬头一看，你可以发现许多夏天见不到的东西。看，远处那棵白桦树，上面好像布满了鸟巢。走进一看才知道根本不是那么回事，那是一簇簇向四面八方生长的黑细树枝，人们称它为“女巫的扫帚”。

回想一下那些你听过的关于女巫的童话故事吧！巫婆骑着扫帚在空中飞行，并用扫帚一路扫掉自己留下来的痕迹；女妖乘着扫帚从烟囱中飞出。无论是女巫还是女妖，她们都离不开扫帚。于是她们便在树上涂了一种怪药，让树上长出一簇簇像扫帚的怪枝。那些有趣的童话讲述者，就是这么说的。

当然了，这种解释只有童话里才有。那么，科学又是怎么解释的呢？实际上，树干上这一簇簇怪异的树枝是由一种病引起的。这种病是由一种特别的扁虱引起的，或者是说由一种特别的细菌引起的。榛子树上的扁虱非常小，也很轻，一阵微风就可以带着它们满森林乱飞。扁虱落到树枝上，钻进一个嫩芽住了下来。生长芽是带着叶胚的茎，扁虱不打扰芽的生长，只是喝它的汁液。不过，由于它们啃咬造成的创口和分泌物，叶芽就得病了。等到病芽出芽的时候，它会以神奇的速度开始生长，它的生长速度往往达到普通叶芽的六倍。

病芽刚刚长成一根短短的嫩枝，嫩枝就立刻生出侧枝，侧枝又生出侧枝……就这样，原来只有一个芽的地方，生长出一团形状怪异的“扫帚”。

同样，白桦树的嫩芽里钻进一个寄生菌的孢子，也会出现类似的现象。

“女巫的扫帚”是一种常见的树木病。白桦、赤杨、山毛榉、千金榆、槭树、松树、云杉、冷杉及其他各种乔木和灌木上，都可能有“女巫的扫帚”。

候鸟飞往越冬地（续完）

复杂的迁徙原因

这个道理似乎很简单：既然长有翅膀，那么想飞到哪儿就可以飞到哪儿！这里的天冷了，找不到食物，那么就展开翅膀，向

南飞去，飞到一个暖和一点儿的地方住一段时间。要是那里的天气也渐渐变冷了，干脆就再飞远一点，飞到一个阳光明媚、食物充足的地方，在那儿过一个温暖的冬天。

然而，实际情况并非如此。不知道出于什么原因，我们这儿的朱雀一直要飞到遥远的印度去；而西伯利亚的游隼更是厉害，它们要飞越印度和几十个适合过冬的热带国家，最终抵达澳大利亚。

这样看来的话，促使我们这些候鸟飞过崇山峻岭、越过茫茫海洋，不远千万里赶到那遥远的异国去的原因，绝对不是饥饿或者寒冷这么简单，而是源于它们与生俱来的、复杂的，以至于自己都无法摆脱、无法控制的本能。可是……

大家都知道，在远古的时候，我国的大部分地区都曾遭受过冰河的袭击，沉重的、毫无生气的冰川以排山倒海之势，淹没了我们这儿的大片地区，之后过了几百年的时间又退了回去；后来又涌来。如此反复，地面上的所有生物都因此丧失了性命。

鸟类是幸运的，它们依靠翅膀保住了性命。最先飞离的鸟，占据了离冰河最近的地区，下一批鸟儿必须得飞得更远一些，再下一批飞得还要再远一些，这就像是在玩“跳山羊”的游戏一样。等到冰河退却的时候，那些被迫离家的鸟儿，又开始匆匆飞回故乡。只是这一次，它们起程的顺序倒过来了——近一些的最先回来，远一些的稍后回来，最远的最后回来。这种跳山羊游戏的时间太长了——几千年才能跳完一次！我们推测，鸟类就是在这一漫长的时间里，渐渐养成了迁徙的习惯：秋天，当气温开始下降的时候，它们离开自己的家；春天来临的时候，它们再跟着太阳一起飞回来。这种习惯就像是“渗透在血与肉中”，被永久性地保留了下来。这一推测也得到了下面这一事实的佐证：地球上，凡是没有冰河的地方，就没有候鸟迁徙的行为。

一只小杜鹃的简史

这只小杜鹃诞生在一个红胸鸲的家庭里。红胸鸲一家就住在列宁格勒附近的泽列诺高尔斯克的一座花园里。

你不必好奇，它怎么会孤零零地一人待在老云杉树根旁这个舒舒服服的窝里；也不必好奇，这只小杜鹃给它的养父母——红胸鸲带来了多少麻烦、牵挂和不安。每天，红胸鸲得费好大一番劲儿才能把这只足足有自己三倍大的馋鬼喂饱。有一天，花园的管理员走到它们巢边，掏出那只已经开始长出羽毛的小家伙，仔细地看了看，然后又放了回去。这可把红胸鸲夫妇吓了个半死。现在，在小杜鹃的左翅上，已经可以清晰地看见一个由白色羽毛构成的斑点了。

小小的红胸鸲夫妇好不容易把小杜鹃养

大，可这小家伙飞出窝后，每次一看见它的养父母，依然会张开它那张红黄色的大嘴，嘶哑地叫嚷着，向它们讨要东西吃。

10月初，花园里的大多数树木都只剩下光秃秃的树枝了，只有一棵橡树和两棵老槭树，还没有完全脱下华丽的外衣。这时，小杜鹃突然消失了。而那些成年的杜鹃鸟，早在一个月以前，就已经离开了这片森林。

这只小杜鹃和我们这儿其他的杜鹃一样，在南非度过了一个温暖的冬天。然后，在夏天的时候重新飞回到我们这里来。

今年夏天，也就是前不久，花园的管理员看见一只杜鹃落在老云杉的树枝上。他担心杜鹃会毁坏红胸鸲的巢，就用气枪把它打死了。

这只死去的杜鹃的左翅上，有一块清晰的白斑。

风的等级

等级	名称	秒速和时速	威力
7	强风	13.9 ～ 17.1 米 / 秒 50 ～ 61 公里 / 小时	迎风前行费力，能吹起轻微的海浪，将水花吹得四处飞溅。

8	超强风	17.2 ～ 20.7 米 / 秒 60 ～ 74 公里 / 小时	能吹折树的枝丫，掀起中等浪潮，迎风前行很费力，不宜出海。
9	烈风	20.8 ～ 24.4 米 / 秒 75 ～ 88 公里 / 小时	能刮走屋顶瓦片，或使某些建筑物倒塌。
10	狂风	24.5 ～ 28.4 米 / 秒 89 ～ 102 公里 / 小时	树被连根拔起，屋顶被掀，破坏力很大。
11	暴风	速度与信鸽相当	破坏力巨大。

12	飓风	36.7 ～ 36.9 米 / 秒 （速度与鹰隼相当）	破坏力极大。

我们很幸运，因为暴风和飓风在我们国家很少出现。

农场纪事

农场里，已经听不见拖拉机的轰鸣声了，分拣亚麻的工作也即将结束，最后一批载着亚麻的货车，正在陆陆续续地向车站驶去。

现在，场员们正在考虑来年的收成问题。专业的种子站已经为全国的农场培育出了黑麦和小麦的优良新品种，场员们正在讨论关于麦种的事情。田里的农活基本结束了，家里的工作渐渐多了起来。场员们的精力现在已经转移到家畜身上了。

农场的牛羊，都被赶进了畜栏，马也被赶进马厩里去了。

田野里一片空旷。一群群灰色的山鹑，飞到农场人家附近寻找食物，有些甚至就在谷仓旁边过夜。

打山鹑的季节已经过去了，有枪的场员们开始准备打野兔了。

农场新闻

营养又美味

干草末是所有饲料的最佳调味料，它通常是用质量上乘的干草粉碎而成的。

如果你想让吃奶的猪崽快点长大，那就喂它干草末吧！

如果你想让母鸡天天下蛋，然后“咯嗒！咯嗒”地不停夸耀它们的成果，那么也请喂它们干草末吧！

适合老人采的蘑菇

在黎明农场，居住着一位百岁的老奶奶阿库丽娜。我们《森林报》的记者去采访她的时候，碰巧她出门了。但是不一会儿，老奶奶就背着满满一口袋蘑菇回来了。她告诉我们：

“那些一个个单独生长的蘑菇，很不好找，它们都藏了起来。我的双眼已经昏花了！可是，我袋子里的这种蘑菇却很好采，只要看见一个，你就能在它附近找到一大片。我实在是太喜欢这种蘑菇了！人们把它叫作蜜环菌。它们还专爱往树墩上爬，看起来非常显眼，这种蘑菇最适合我们老太太采了！”

冬前播种

在劳动者农场，菜农们正在田垄上播种莴苣、葱、胡萝卜和香芹菜。这些种子都被撒在冰凉的土壤里。用队长孙女的话来说，种子们对这待遇是非常不满意的。那小女孩儿告诉人们，她听见种子们在地下大声嚷嚷：

“你们最好不要种，这么冷的天，我们是不会发芽的！你们爱发芽，自己发去吧！”

其实，菜农们之所以这么冷还要播下这批种子，正是因为知道它们在秋天已经不可能发芽了。

不过，只要春天一到，它们马上就会钻出土壤，很快就会长大成熟。能早一点收获，那可是一件好事啊！

尼·巴甫洛娃

城市要闻

在动物园里

动物园里的鸟兽们从夏天的露天居所，搬进了温暖的越冬住房。它们笼子的周边生上了火，整个房子里都暖暖和和的。现在，没有一只动物愿意再去过那种漫长的冬眠生活了。

园子里的鸟儿也不出去了，短短一天时间，它们就感觉到了寒冷与温暖的差别。

没有螺旋桨的飞机

这段时间，总有一些奇怪的小飞机在我们城市的上空盘旋。

行人们经常会在街心停住脚步，抬起头，好奇地注视着这些小飞机，看它们慢慢地绕着圈子。人们叽叽喳喳地议论着：

“看见了吗？”

“看见了，看见了！”

“真是奇怪啊，怎么听不见螺旋桨的声音？”

“可能是它们飞得太高了吧？你看，它们显得那么小！”

“但是飞低的时候也没听见它们的声音啊？”

“到底怎么回事啊？”

“它们压根就没有螺旋桨！”

“怎么会没有螺旋桨呢？难道这是一种新型的飞机吗？那它们是什么型号的啊？”

“雕！”

“你在开什么玩笑？列宁格勒哪儿来的雕！”

“的确有。它们叫金雕，现在正往南迁徙呢！”

“原来是这样啊！哦，现在我也看清楚了，的确是鸟儿在盘旋。如果你不说，我还真以为是飞机呢。它们简直太像了！这家伙，哪怕扇动一下翅膀也好啊……”

去看看野鸭

最近几周，在涅瓦河上的施密特中尉桥附近，在彼得罗巴甫洛夫斯克要塞旁边以及其他的一些地方，飞来了很多形态各异、五彩斑斓的野鸭。

其中，有跟乌鸦一般黑的鸥海番鸭，有勾嘴、翅膀带白斑的斑脸海番鸭，有尾巴像柳枝般细长的五彩长尾鸭，还有黑白两色相间的鹊鸭。

它们看起来一点也不畏惧喧嚣的城市。

哪怕是黑色的蒸汽拖轮在水中劈波斩浪，迎面驶来，它们也没有丝毫的害怕。只见它们往水里一扎，眨眼间就出现在离原处几十米的地方。

这些潜水健将，是海上航线上的旅客。它们每年来我们列宁格勒做客两次：春天一次，秋天一次。

当拉多亚湖中的浮冰漂到涅瓦河里的时候，它们就离开了。

狩　猎

野外追逐

这是一个空气清新的秋日的早晨。一位猎人扛着一条猎枪来到了郊外。他用一条短小而结实的皮带牵着两只紧靠在一起的猎犬，这两只狗，胸脯宽大，看起来非常壮实，黑色的皮毛里夹杂着棕黄色的圆点。

他走到小树林边，解下了套在猎犬身上的皮带。把它们“丢”到小树林里，任由它们而去，两条猎犬瞬间就钻进灌木丛里去了。

猎人悄无声息地沿着林边的一条小路前行，这是一条野兽经常出没的小路。

他站在灌木丛对面的一个树桩后，那里有一条隐蔽的林间小道，从树林中一直延伸到下面的小山谷。

他还没来得及站稳，猎犬们就已经搜寻到了野兽的踪迹。

老猎犬多沃依头一个叫了起来，它的声音低沉而沙哑。

接着，年轻的扎利华依也跟在它的后面不停地“汪汪”大叫。

猎人一听就明白了，它们吵醒了野兔，然后把野兔从窝里撵了出来。现在，它们正沿着泥泞的小路往前追赶。雨后的小路到处都是烂泥，和着腐烂的枯叶，地面黑乎乎的一片。猎犬们不时用鼻子嗅着野兔留在泥地上的足迹。

猎犬的叫声一会儿近，一会儿远，那是因为兔子在不停地兜着圈子。

哎呀，都没注意到！刚才溜走的不就是兔子嘛！它那棕红色的油亮的皮毛在山谷里一闪一闪的！

猎人错失了一次机会……

看，那两只狗依然紧追不舍，跟着兔子，在山谷里狂奔。多沃依跑在前头，扎利华依吐着舌头跟在后面。

失去一次机会不要紧，我们的猎犬还会把野兔赶回树林里来的。多沃依做事一向非常执着，它一旦发现了猎物，绝不会轻易放弃的。那可是一个非常老练的家伙！

又跑过来了。兔子兜了一大圈，重新跑回到树林里来。

猎人心里想："兔子啊兔子，你终究还是要回到这条路上来的。这一次我可不能再让你给溜了！"

安静了一小会儿……突然……咦！这是怎么回事？

两只猎犬为什么在不同的方向叫唤？

这会儿，老猎犬干脆不叫了。

只有扎利华依自个儿还在“汪汪”大叫。

随后，一切又安静了下来……

猎人正在纳闷，那边又传来了多沃依的叫声。不过这一次的声音跟刚才可不一样，明显要激烈很多。扎利华依不住地喘着气，尖着嗓子跟着叫了起来。

它们大概是发现了另外一只野兽的踪迹！

会是什么野兽呢？反正不会是野兔了。

很有可能是红色的吧……

猎人赶紧给猎枪换了子弹——装进了最大号的霰弹！

一只兔子从身边跑过，一溜烟地逃到田野里去了。

猎人看见了，但是他没开枪。

两只猎犬越追越近。其中一只声音嘶哑地叫着，另一只恼怒地叫着……突然间，一个有着火红色脊背和雪白胸脯的家伙，蹿过灌木丛，在兔子刚才经过的那条小道上，冲猎人直冲了过来。

猎人端起了枪。

那野兽发现了猎人，吃了一惊，急忙甩动着它那毛茸茸的尾巴想逃跑。

一切都晚了！

砰！狐狸被火药那巨大的威力抛到了空中，然后四脚朝天地摔在了地上。

猎狗从丛林中跑了出来，扑向狐狸。它们用锋利的牙齿咬住狐狸那火红的皮毛，凶狠地撕扯着，眼看就要撕破了！

“给我放下！”主人大声呵斥着，连忙跑了过去，从猎狗的嘴里抢下那只珍贵的猎物。

11月21日~12月20日
太 阳 进 入 人 马 宫

No.9

冬客临门月

（秋季第三月）

一年：太阳在 12 个月内谱写的乐章

11 月——一半是秋天，一半是冬天。11 月是 9 月的孙子，10 月的儿子，12 月的亲兄弟。11 月，大地上布满钉子，12 月大地铺上了桥。11 月骑着带有斑纹的马出门：地面上，一道烂泥，一道白雪；一道白雪，一道烂泥。11 月的铁匠铺规模虽然不大，但里面铸造的枷锁却已经锁住了整个俄罗斯：池塘和湖泊已经完全冰封了。

现在，秋天开始忙起了它的第三件事：脱尽森林的衣裳，给河水戴上枷锁，然后用白雪把整个大地盖起来。森林里的景象让你感觉很难受：黑黝黝、光秃秃的树木，从头到脚，被冷雨淋得湿透。河上的冰块闪烁着耀眼的光芒。但如果你想到上面去走走，它就会“咔嚓”一声裂开，让你掉进冰冷的水中。大雪严严实实地盖住了土地，秋播的庄稼停止了生长。

可是，现在还不是冬天呢，这只是冬天的序幕。阴沉几天之后，太阳又会重新露出它的笑脸。太阳一出来，所有的生物又都欢腾起来。瞧，这边，黑色的蚊子从树根下飞出来，在空中欢快地跳着舞；那边，金色的蒲公英、款冬花趁机绽放——这可是只有在春天才开放的花儿啊！雪也渐渐地开始融化……但是树木都已经沉睡了，对此毫无知觉，它们要到明年的春天才能醒过来呢。

现在，伐木的季节到来了。

林中逸闻

森林并非一片沉寂

刺骨的寒风在林间怒号着。光秃秃的白桦树、白杨树和赤杨树在秋风中摇摇晃晃，瑟瑟发抖。最后一批候鸟正在匆忙地飞离故乡。

度夏的鸟儿还未完全飞走，冬天就已经降临了。

鸟儿们都有自己的习惯：它们有的飞到高加索、外高加索、意大利、埃及和印度去过冬；有的则选择继续留在我们列宁格勒。其实，它们也没觉得我们这儿的冬天有多冷，它们在这儿住得很暖和，吃得也饱饱的。

飞　花

沼泽地上，赤杨的黑色树枝孤零零地兀立在那儿。树枝上的叶子都落完了，地面上的青草也全部枯萎了。懒洋洋的太阳好半天才从灰色的乌云后面露出脸来。

突然，在金色阳光的照耀下，一团团五彩缤纷的花儿在沼泽地上空、在赤杨枝旁快乐地飞舞起来。这些花儿非常大，有白色的，有红色的，有绿色的，有金黄色的。它们有的落在赤杨枝上，有的停在桦树枝上，还有的直接落在地上。它们在扇动着翅膀，身上那华丽的斑点闪烁着耀眼的光芒。

它们用一种芦笛似的鸣叫声彼此打着招呼，转眼间，就从地面飞向树枝，然后从一棵树飞向另一棵树，从一片小树林飞进另一片小树林。它们究竟是什么？它们来自何方？

北方飞来的鸟

冬天，很多鸣禽会从遥远的北方飞到我们这儿来做客。这些客人中，有红胸脯和红脑袋的朱顶雀，有翅膀上长着五道像手指似的红羽毛的烟灰色太平鸟，有深红色的松雀，有绿色和红色的交嘴鸟；还有金绿色的黄雀，金色的小金翅雀，胸部丰满鲜红、体形圆滚的灰雀。而我们本地的黄雀、金翅雀和灰雀，已经飞往温暖的南方去了。上面提到的这些，都是居住在北方的鸟儿。北边现在实在是太冷了，所以它们来到了我们这儿，它们觉得这儿还是挺暖和的。

黄雀和朱顶雀以赤杨子和白桦子为食。太平鸟和灰雀吃山梨和其他的浆果。交嘴鸟则到处寻找松子和云杉子。它们现在都吃得饱饱的。

东方飞来的鸟

低矮的柳树林中，突然开出了一朵朵雍容华贵的白玫瑰。洁白的花朵在树丛中飞舞，还不时伸出它那黑色的细脚爪东挠挠、西抓抓。花瓣一样美丽的翅膀，在空中闪动着。林间回荡着它们那婉转的歌声。

这是山雀，一种白色的山雀。

它们可不是北方的客人，而是来自遥远的东方。它们越过冰天雪地的西伯利亚，越过山峦叠起的乌拉尔地区，最终到达我们这儿。它们的故乡早已经进入了冬天，厚厚的积雪把低矮的河柳都埋了起来。

该冬眠了

厚厚的乌云遮住了太阳的光辉，空中开始飘起湿漉漉的雪花。

一只胖乎乎的獾子，气喘吁吁地、一瘸一拐地向洞穴走去。它很不痛快：森林里泥泞不堪，空气都能拧出水来。此刻，要是能够钻到干燥、清洁的沙土洞里，美美地睡上一觉，那该多好啊！

羽毛蓬松的丛林小乌鸦——噪鸦，居然在林中打起架来。咖啡色的湿漉漉的羽毛亮闪闪的。它们不停地聒噪着。

一只老乌鸦在树顶“呱”地大叫了一声，原来它瞅见不远处有一具野兽的尸体。它鼓起一对乌黑发亮的翅膀飞了过去。

林中一片寂静。灰白的雪花纷纷扬扬地洒落在

黑乎乎的林间和黄褐色的土地上。地面上的落叶渐渐开始腐烂。

雪越下越大。现在，已经是鹅毛大雪了，它把黑色的树枝连同大地一起掩盖了起来……

我们列宁格勒的伏尔霍夫河、斯维尔河以及涅瓦河，由于遭受严寒的侵袭，相继都封冻了。最后，连芬兰湾都结起了厚厚的冰。

兔子的阴谋

夜晚，一只灰褐色的兔子悄悄地钻进了果木园。小苹果树的皮既甜水分又多，天亮的时候，它已经啃坏两棵小苹果树了。树上的积雪掉落在它的头上它也不理会，只顾一个劲儿地啃食着。

农场的公鸡已经叫了三遍，狗也开始汪汪地喊叫起来。

兔子这才缓过神儿来，意识到自己应该趁着人们还没有起床，赶快回到森林里去。周围白茫茫的一片。它那灰褐色的皮毛在雪地里格外引人注目。它真羡慕那些白兔啊！在这个白茫茫的世界里，白兔多么安全啊！

夜晚刚刚飘落的雪还很柔软，根本不能承受兔子的重量。它在雪地上跑着，身后留下了一串清晰的脚印。长长的后腿留下的是条状的脚印，短短的前腿留下的是一个个小圆点儿。在这层柔软的新雪上，每一个脚印和爪痕都可以看得清清楚楚。

灰兔穿过田野，越过树林。那串脚印始终紧跟在它的身后。灰兔已经美美地吃了一个夜晚，现在如果能够找个灌木丛，在里面打个盹儿，那该有多爽啊！然而，让它气愤的是：无论它跑到哪儿，脚印都会始终跟着它！

灰兔开始要诡计了：它要把自己的脚印弄得乱七八糟。

这个时候，村民们已经起床了。果园的主人走到果林一看——天哪，两棵好端端的小苹果树被剥了皮！他再低头往雪地上一看，立即就明白了：树下有兔子的脚印。他攥着拳头骂道：你等着瞧吧，害人的家伙，我要用你的皮来补偿我的树苗。

他回到屋里，带着装好弹药的猎枪出发了。

看！兔子就是在这儿跳过栅栏，然后跑向了田野。一进森林，兔子的脚印就开始围着灌木转圈儿了。好家伙，这一招儿可救不了你！我明白着呢！

喏，这是第一个圈套：灰兔绕着灌木跑了一圈。

然后它开始横穿自己的脚印。这是第二个圈套。

园主跟随着脚印，把这两个圈套都给解开了。他已经端起了猎枪。

他突然站住了，这是怎么回事？脚印中断了，周围全是平整的雪面。即使是兔子跳过去了，也应该能看得出来啊！

园主弯下腰，仔细地查看了一番。哈哈！原来这又是一个诡计：兔子沿着自己的脚印返回了！它每一步都精确无误地踏在了原来的脚印上。乍一看，还真瞧不出那是双重脚印呢。

园主顺着脚印往回走。走着，走着，又回到了田野里。看来，还是中圈套了！

他转过身，顺着"双重脚印"返回去。嘿嘿，原来如此，原来的"双重脚印"很快就中断了，再往前走，脚印就是单层的了。这就意味着：兔子就是从这附近跳过去的。

果真如此：兔子顺着脚印的方向穿过灌木，然后跳向一旁。现在，脚印均匀起来。突然又中断了。又是越过灌木丛的新的双重足迹，接着跳着跑了。

现在可得格外留神……又往旁边跳了一次。现在，它准是躺在哪棵灌木丛下。想骗过园主可不是一件容易的事！

兔子的确就躺在附近。只是它并未躺在猎人认为的灌木丛下，而是在一堆枯枝里面。

睡梦中的灰兔听见沙沙的脚步声。越来越近，越来越近……

它抬头一看，穿着毡靴的两只脚已经到了它面前，猎枪差点碰上它的脑袋。

它悄悄地从枯枝中钻了出来，如离弦之箭般蹿到枯叶堆后。短小的尾巴在灌木丛中一闪，转眼就没影儿了！

园主空着两手怏怏而归。

啄木鸟的作业场

我们家菜园的后面，有许多老白杨树和老白桦树，还有一棵古老的云杉。云杉上挂着几颗球果。一只五彩斑斓的啄木鸟飞过

来啄食球果。啄木鸟停在树枝上，用长长的嘴巴啄下一粒球果后，就沿着树干往上跳。找到一条缝隙后，它便把球果塞了进去，开始用嘴啄食。它把里面的子儿都啄了出来，然后把球果丢到树下，接着去采第二个。它把第二个球果同样塞进那条缝中；采来第三个，依然还是塞进树缝中，它就这样一直忙到天黑。

驻森林记者　勒·库博列尔

向熊请教

冬季，为了躲避寒风的侵袭，熊一般会在低凹的地方安置自己的住宅。它们甚至会把熊窝安置在茂密的云杉林里或者潮湿的沼泽地上。然而，让人不解的是，如果这一年冬天不冷，常常有融雪天的话，那所有的熊都会在小山丘之类的高地上冬眠。历代猎人都证实过这件事。

道理很简单：熊讨厌融雪天。的确是这样，如果一股冰雪融水流到了它的肚皮底下，突然之间，气温骤降，雪水结成了冰，那就会把熊那毛茸茸的皮外套冻成钢板，那可不妙啊！到那时，只怕它们就没法睡觉了，只有满树林乱晃，以活动血脉来换回一点温暖。

如果以不停地晃悠来代替睡觉，那就会把它们身上储存的热量耗尽，它们不得不吃东西以增加体力。但是，冬天里，熊在森林中是找不到食物的。因此，当它预见这一年的冬天暖和时，它就会把家安在高处。免得在融雪天气里，皮毛被雪水浸湿。这个道理很容易明白。

可是，熊怎么知道这一年的冬天究竟是暖和还是寒冷呢？为什么早在秋天，它就能准确无误地为自己选择一个合适的地方筑窝呢？这让人很费解。

要不你钻进熊窝里去，向熊请教请教吧！

农场纪事

今年，由于场员们的共同努力，农场的收成特别好。在我们州的多数农场里，每公顷的产量突破1500公斤已经成为常事。即便是每公顷产量达2000公斤，也不算稀奇。一些工作队的成绩特别突出，优秀的表现使他们获得了“劳动英雄”的光荣称号。

政府很重视劳动者们在田间的忘我劳动，所以国家决定用“劳动英雄”的光荣称号，用各种勋章和奖章来表彰场员们所取得的优异成绩。

冬天来临了。

农场里的工作基本结束了。

妇女们在牛栏里忙活着，男人们在给牲口运送饲料。喂养有猎犬的人们开始打猎了。还有一部分人到森林里采伐木材去了。

灰山鹑成群结队地飞进农家小院。

孩子们上学去了。白天，他们抽空儿布置好捕鸟网，在小山丘上滑雪，玩雪橇。夜晚，他们用心地看书，预习功课。

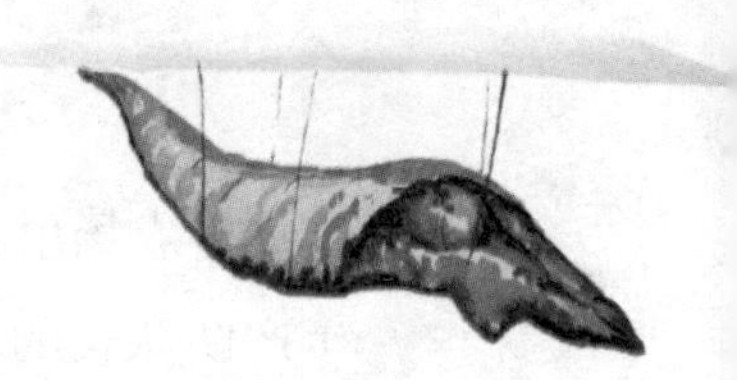

农场新闻

吊在细丝上的家

有一种迷你型小房子，它们吊在细丝上，风一吹，就来回地晃动。这座小房子的墙，只有一张纸那么厚，里面也没有什么御寒设施。待在这里面，能安全过冬吗？

出乎你的意料吧——在这座简陋的小房子里，完全可以安稳地度过冬天。留心的话，我们能够在果园里发现很多这样的小房子。它们是用枯叶做成的，被细丝吊在苹果树枝上。场员们看见后会把它们摘下来，烧掉。因为这些小房子里住着一种害虫——苹果粉蝶的幼虫。如果不及时除掉它们，春天一到，它们就会爬出来啃坏苹果树的嫩芽和花儿。

森林里有坏蛋，那就一定会有坏蛋的克星。

昨天晚上，光明之路农场就发生了这么一件事。午夜时分，一只大灰兔溜进了果园，它准备啃食小苹果树那甜甜的树皮，结果发现树皮突然变得跟云杉枝一样扎嘴。它一连试了好几棵，结果都是这样。它只好垂头丧气地离开了果园，消失在附近的树林里。

原来，场员们早已预料到夜晚会有林中的小贼来侵犯他们的果园，于是，他们砍来很多云杉树枝，把苹果树的树干紧紧地包扎起来了。

劳动者农场里，人们正在忙着挑选小葱根和小芹菜根。

生产队队长的小孙女好奇地问道："爷爷，你们这是在给动物们准备食物吗？"

队长笑了起来：

"乖孩子，这次你可没猜对。我们要把这些小葱和小芹菜的根栽种到温室里去。"

"栽种到温室里？为什么呀，让它们长大做种子吗？"

"那倒不是，我们想让它们在冬日里为人们提供绿色蔬菜。这样，冬天我们在吃马铃薯的时候，就能够往上面撒一些葱花，也能在汤里吃到芹菜那鲜绿的菜叶了。"

城市要闻

群鸟聚会

现在，涅瓦河已经结冰了。每天下午四点左右，都会有一群来自华西里岛的乌鸦和寒鸦飞落在施密特中尉桥下的冰面上。

在一番激烈的争吵之后，鸟儿们分成好几队，陆续回到华西里岛上的花园里。每一群鸟儿都在它们中意的花园里夜宿。

侦 察 兵

城市里的果园以及公墓里的灌木和乔木，都需要人们特别的保护。然而，它们的敌人，就连人类也很难对付。那些家伙，异常狡猾，体形又小，人们的肉眼很难觉察到它们。园丁们都拿它们没办法，迫不得已，他们只好找了一批专业的侦察兵来帮忙。

我们经常可以在果园和墓地的上空，看见那些侦察兵的身影。

领头的是一群头戴红圈帽的五彩啄木鸟。它们的嘴就像一支长枪，可以钻透厚厚的树皮。它们不时地大声发号施令：快克！快克！

跟在它们身后的是各种各样的山雀：有头戴尖顶高帽的凤头山雀，有厚厚的帽子上仿佛插了根短钉的胖山雀，有浅黑色的莫斯科山雀和浅褐色的嘴如锥子般的旋木雀，还有胸脯雪白的䴓，它穿着天蓝色制服，嘴巴锋利得如同一柄短剑。

啄木鸟呼叫道：“快克！”䴓立即回复：“特毋急！”山雀们答道：“崔克！崔克！”于是，整个鸟群行动起来了。

侦察兵们迅速地飞上树干和树枝。啄木鸟发现了情况，它用又尖又硬的嘴巴，从树皮中钩出了蛀皮虫。鸸头朝下，围着树干转来转去，瞅见哪个树缝里有害虫或者幼虫，就立即把它那柄锋利的“小短剑”刺进去。旋木雀在树干下面转悠着，用它那小锥子似的嘴巴不停地戳着树干。成群结队的山雀在林中活蹦乱跳，它们那犀利的目光能看清树上的每一个小洞和每一条细缝，再加上它们那灵巧的嘴巴，害虫们是无论如何也躲不过去的。

充满诱惑的陷阱

冬日一到，我们身边那些漂亮的小伙伴——鸣禽，便开始受冻挨饿了。请多关心关心它们吧！

如果你家里有花园或者小院子，就能很容易地招去一些鸟儿。当它们饥肠辘辘的时候，撒一点儿东西给它们吃；在这个寒潮频频来袭的季节里，为它们提供一个可以躲避风雨的小窝。如果你能够吸引一两只可爱的小家伙来到你精心为它们准备的温暖的小窝里，那你就有机会当场捉住它们。

你可以请小客人们在小房子的露台上免费享用你为它们准备好的大麻子、大麦、黍子、面包屑、肉末、生猪油、凝乳、葵花子等！即便你住在大都市里，也会有许多可爱的小客人去你家做客的。

你可以用一根细铁丝或者细绳，一头拴在小房子那扇能闭合的小门上，另一头穿过窗户，通到你的房间里。机会一到，你只要轻拉一下铁丝或者细绳，那扇小门就会砰的一声关上了。

还有一个更有趣的办法：把捕鸟房通上电！

不过，你千万别在夏天捕鸟。因为如果你捉走了大鸟，那些刚出生的嗷嗷待哺的幼鸟就会被活活饿死了。

狩　猎

秋季，是一个猎取小皮毛兽的季节。邻近 11 月份的时候，那些小皮毛兽的毛已经长齐了——它们脱下单薄的夏装，换上了一身既蓬松又暖和的冬装。

带斧头打猎

猎人们在打那些凶猛的小皮毛兽时，用斧头的机会往往比用枪的机会多。

莱卡犬靠它那灵敏的嗅觉找到了那些藏着黄鼬、白鼬、银鼠、水貂或水獭的洞。至于如何把它们从洞中赶出来，那就要看猎人的本事了。这可不是一件容易的事情。

那些凶猛的小兽，往往把洞挖在地底下、乱石堆中或者树根下。当危险降临的时候，不到最后关头，它们是不会离开老窝的！猎人们只好用探针伸进洞里去捣，或者用手搬开石头，要么就用斧头劈开粗大的树根，敲碎冻土，实在不行，就用烟把猎物从洞中熏出来。

只要它们一出来，那就是死路一条了：莱卡犬是无论如何也不会放过它们的，它们会被活活咬死。

白天和黑夜

12月中旬，松软的积雪已经齐膝深了。

夕阳西下，黑色的琴鸡一动不动地蹲在光秃秃的白桦树上，给玫瑰色的天空抹上了一丝黑影。不一会儿，它们突然一只接一只地向雪面扑去，转眼就不见了。

夜色降临了，没有月亮的夜晚到处都是漆黑一片。

在琴鸡消失的那片林中空地上，塞索伊奇冒了出来。他手里拿着捕鸟网和照明的火把。浸透了树脂的亚麻秆熊熊燃烧着，照亮了附近的夜色。

塞索伊奇一边慢慢地往前走着，一边屏气凝神地静听。

突然，在他前面约两步远的地方，钻出了一只黑色的琴鸡。火把发出的明亮的光芒把它的眼睛都照花了，它就像一个巨大的黑色甲虫，在原地打转儿。塞索伊奇连忙用网罩住了它。

就这样，塞索伊奇在夜晚捉了好多只黑琴鸡。

在白天，他改乘雪橇开枪射杀它们。

这真是叫人无法理解：站在树顶的黑琴鸡，绝对不会给带着猎枪步行的人们以任何接近它的机会。可是，这个猎人如果乘着雪橇，即便他带着整个农场的车队驶过，这些黑琴鸡也想不到要赶紧逃命！

本报特约记者

12月21日～1月20日
太 阳 进 入 摩 羯 宫

No.10

小道初白月

（冬季第一月）

一年：太阳在12个月内谱写的乐章

12月——天地寒彻。12月如铺冰板，12月如钉银钉，12月整个大地冰封雪藏。12月是一年的终结，也是寒冬的开始。

河水已经完成了它的使命：往日汹涌的流水此时冰封，凝滞不动。大地和森林披上了冰衣，银装素裹，太阳也隐藏到乌云背后。白天变得越来越短，而夜晚则越来越长。

皑皑白雪之下掩盖了多少逝去的生命！一年生植物，历经成长，开花，结果，最后枯萎，重新回归曾经哺育它们的大地。那些一年生的无脊椎的小动物，也是这样，如期走到生命的尽头后，碾落成泥。

然而，植物留下了种子，动物产下了卵。等到一定的时候，太阳就会像童话《睡美人》中的那个英俊的王子一样，用温柔的吻来唤醒它们。太阳将重新从土壤里创造出鲜活的生命。而那些多年生的动植物都有办法度过北方漫长的寒冬，静静地等待着来年春回大地。尽管寒冬还想逞威风，但太阳的诞辰——12月23日，已经临近了。

阳光终将重新洒满人间，生命也会随之复苏。

当然，眼下，我们首先得熬过寒冬。

冬季是一本书

白雪细密而又均匀地铺在地面上。田野和林间的空地，就好像是一本摊开的大书的纸页，平整而又洁白，一个字儿都没有。无论是谁，只要从上面走过，都会写上这样的字句："某某到此一游。"

白天刚下过一场大雪。到晚间雪停之时，这张书页又变得干净洁白了。

等到清晨来看，你会发现洁白的书页上，画满了各种各样神秘的符号，有线条、圆圈，还有逗点。这说明，在夜晚的时候，有许多森林的居民曾来过此地，或奔走，或跳跃，做过些什么。

那么，是谁来过这里，又做过些什么事情呢？

得抓紧时间，搞清楚这些令人费解的符号，以及神秘难懂的字句。要不然，再有一场大雪，出现在你眼前的又将是一张干净、平整的纸张，就仿佛被谁翻过了一页似的。

如何阅读

在冬季这本雪书上，每一位林中居民都用自己的笔迹，留下

了不同的符号和字句。人类习惯了用眼睛来观察和辨别这些符号。如果不用眼睛，还能有其他的办法阅读吗？

可是动物却会用鼻子来阅读。譬如说狗，它就用嗅觉来读冬天的这本书，从那些符号里读出“这里有狼来过”或者“兔子刚刚从这儿跑过”之类的信息。

动物的鼻子灵敏又管用，是绝对不会出错的。

书写工具

大多数情况下，野兽用脚趾来写。有的用五个脚趾写，有的用四个脚趾写，有的用蹄子来写，也有的用尾巴来写，还有用鼻子，甚至用肚皮来写的。

飞禽主要是用爪子和尾巴来写，但也有用翅膀来写的。

小狗和狐狸，大狗和狼

狐狸的脚印与小狗的脚印很像，唯一不同之处是：狐狸总是把爪子握成一团，脚趾紧紧地并在一起。小狗的脚趾则是分开的，所以它在雪地上留下的脚印相对松散，也显得更轻巧。

狼的脚印与大狗的脚印比较相像，其区别在于：狼的脚趾从两边向里收缩，所以它的脚印比大狗的修长一些。狼的脚爪和脚掌上都生着肉垫，因此留下的印痕更深一些。狼的脚爪，前爪印和后爪印的间距比大狗的掌印要大一些。狼的前爪在雪地上留下的痕迹往往是合并在一

起的，而大狗仅脚爪下的肉垫留下的印痕是合并的，这一点和狼有所不同。（图中自上而下分别是狐狸、狗和狼的脚印，请比较一下）

这些只是“看图识字”的基础知识。

要彻底地读懂狼留下的“字迹”很难，因为狼总喜欢故布疑阵，把自己的脚印弄乱。狐狸也是这样。

冬季的森林

树木会被寒冬冻死吗？当然会。

如果一棵树从里到外都冻住了，连树心也冻住了，那它就会死亡。在酷寒少雪的冬季，我们这儿就有不少树木给冻死了，其中大多数都是那些树龄较小的小树。值得庆幸的是，树木都有自己的御寒绝招，不让寒气侵入体内，不然的话，恐怕所有的树木都会冻死。

吸收养分、生长发育乃至于繁衍后代，这些都需要付出大量的能量，消耗大量的热量。所以，树木在夏季的时候，就尽可能地吸收、存储能量，等到了冬天，就停止营养摄入，停止生长发育，停止繁殖后代。它们停止一切的生命活动，进入漫长的休眠。

树叶会散发体内存储的热能，所以，到了冬天，树木就不再需要叶子。树木放弃树叶，抛下落叶，就是为了把维持生命机能所需要的热量，很好地储存在体内。并且，落叶归根之后，会逐渐地腐烂，释放出很多的热量，来保护柔弱的树根，使它们不至于被冻坏。

不仅如此！每一棵树都有一副“甲胄”，用来保护自己的“皮肉”不受严寒的侵袭。每年夏天，树木都会在树干和树皮里不断地储备多孔隙的韧皮组织，即没有生命的填充层。韧皮层既不透水，也不透气。空气存留在它的空隙之中，可以阻止树木机体中的热量向外散发。树龄越大，它累积的韧皮层就越厚实，这就是为什么老而粗的树比那些小而细的树更耐酷寒的原因。

树木不光只有韧皮层这副“甲胄”。假如凛冽的寒气连这层甲胄也能穿透了的话，那么就会在树身的内部遇到一层更加牢固的化学防线。在冬季来临之前，树木会在体液里积蓄各种盐分，以及可以转化为糖的淀粉。这些含有盐分和糖分的溶液，具有很强的抗寒能力。

不过，树木抵御严寒最好的设备，还是那一层蓬松柔软的雪被。众所周知，细心的园丁总会在冬天故意将那些怕冷的小果树压向地面，用雪掩盖住，因为这样它们会暖和一些。在多雪的冬季，皑皑白雪就好像床鸭绒被将森林盖得严严实实，这个时候，无论天气多么寒冷，树木都不会害怕了。

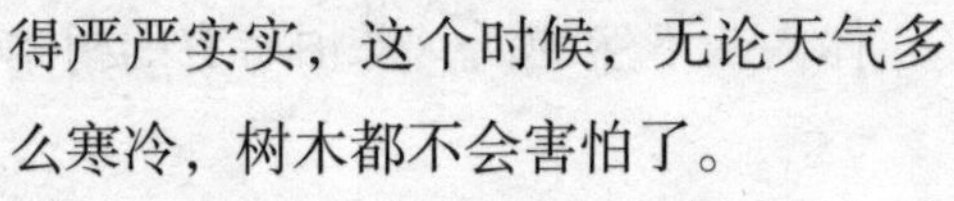

不管寒冬多么的冷酷无情，它都无法摧毁我们的北方森林！

我们的“森林王子”可以顶得住一切风刀霜剑的攻击。

林中逸闻

雪地爆炸和获救的母鹿

雪地上有一行奇怪的足迹，仿佛记载着一个谜一样的故事，我们的记者猜测了好久，也没能搞明白发生了什么事。

起先是一行窄小的兽蹄印，安安稳稳地向前延伸着。这个不难读懂：有一只母鹿在林中优哉游哉地散步，它丝毫没有觉察到危险在悄悄地逼近。

突然，在这些蹄印近旁，出现了很多硕大的脚印，而母鹿的蹄印也在同时呈现出奔跑蹿跳的形状。

这些也不难理解：母鹿在林中遇见了一只狼，狼向它疾扑过来。母鹿闪身避开，逃向远处。

接下来，狼的脚印与母鹿的脚印越来越近，这说明：狼在奋力追赶母鹿，并且快要追上了。

在一株倒地的大树前，两种脚印混合在了一起。看来，母鹿在将要被狼赶上的那一刹那，一跃跳过了树干，狼紧随其后，也蹿了过去。

树干的那边，有一个深坑，坑里面的积雪，给搅得一塌糊涂，仿佛在这里面有一颗炸弹爆炸了似的。

这之后，母鹿和狼的足迹分开了，各自奔向一边，这当中还夹杂着不知从哪里冒出来的巨型脚印，很像人的脚印（光着脚的

脚印），却带着弯弯的、可怕的爪痕。

雪里面埋的究竟是什么样的一颗炸弹？这些可怕的新脚印又是谁留下的？为什么狼和母鹿会背道而驰呢？这里到底发生了什么事？

我们的记者绞尽脑汁，苦苦地思索着这些问题。

最后，他们终于搞明白了这些巨大的脚印是谁的。解开了这个疑问，所有的问题都真相大白了。

母鹿凭借着它那善于跳跃的四条腿，毫不费力越过倒在地上的树干，继续往前奔逃。狼紧追不放，也向前跳起，但没有越过去。因为它的身子太沉重了，只听扑通一声，它从树干上跌落雪中，四条腿齐齐陷落在熊窝里。原来，熊的洞穴刚好就在树干的下面。

熊睡得昏昏沉沉，突然被惊醒，慌忙纵身跳起。于是，什么冰啦、雪啦、树枝啦，顿时四散飞舞，就好像炸弹爆炸一般。熊飞快地向树林里逃窜，它以为有猎人来了。

狼翻身跌进雪坑，蓦然看见这么个庞然大物，早把母鹿忘了，拔腿就跑，只顾自己逃命。而这时，母鹿早就逃得无影无踪了。

农场纪事

在寒冷的天气里，树木睡意沉沉。它们体内的血液（树液）都冻住了。树林里，锯子的“吱咯”声不知疲倦地回响着，那是伐木工人在干活儿。整个冬季，他们不会停止工作，因为冬季采伐的木材质量最好，既干燥，又结实。

采伐的木材，需要搬到大大小小的河边，以便在来年春天，让它们随着消融的河水漂出去。为此，人们修筑了几条宽阔光滑的冰路，他们往厚厚的积雪上浇水，就好像建造溜冰场一样。

农场里面的人们正在为春种而忙碌着。他们在挑选种子，查看庄稼幼苗。田野里灰色的山鹑群，此时都到打谷场附近安家落户，它们常常飞到村子里觅食。雪很深，要刨开这么厚实的积雪，绝不是一件容易的事情；即便是勉强刨开了雪层，下面还有坚硬的冰层呢，以它们那并不锐利的爪子扒开冰层寻觅食物，那就更加困难了。

冬季捕捉这些山鹑非常容易，但这种行为是违法的，法律明令禁止在冬季捕捉这些软弱无助的鸟儿。

那些善良、体贴的猎人还会在冬季喂养这些鸟儿呢。他们会在田野里给它们安设一些喂食点：用云杉树枝搭建一个个小窝棚，再在里面撒上燕麦和大麦。这样，那些美丽的山鹑，即便是在最严寒的冬季里，也不会饿死了。来年夏天，每一对山鹑都会生蛋，并孵育出 20 多只小山鹑。

农场新闻

按冬令作息时间生活

农场的牲畜，现在按照冬季作息时间表生活：睡觉、进食、散步都得按规定的时间进行。

对此，年仅四岁的小庄员玛莎·斯米尔诺娃这么对我说：

“我现在和小朋友们都上了幼儿园。牛儿和马儿也进了幼儿园。我们去散步的时候，它们也出来散步。我们放学回家，它们也都回家了。”

绿色林带

沿着铁路两旁，种植着一排排高大的云杉树，它们绵延几千里之长。这条“绿色林带”用来保护铁路线，以免风雪的侵袭。

每年的春天，铁路职工都要种植上几千株小树，来拓宽这条“绿色林带”。今年，他们种下了十万棵以上的云杉、合欢、白杨以及近三千棵的果树。

这些树苗，都是铁路职工在自己的苗圃里面，辛苦培育出来的。

城市要闻

赤脚踏雪

阳光明媚的日子里，温度表里的水银柱会升到接近0℃。这个时候，在花园里，林荫路上以及公园里，许多没有翅膀的小苍蝇从雪底下爬了出来。

一整天，它们都会在雪上面悠闲地爬行，直到傍晚时分，才重新躲进了雪底下或者冰缝里。

它们就住在那些僻静、暖和的角落里，落叶或者苔藓的下面。

雪地上，是不会留下它们的足迹的。这是因为，它们的身躯很轻，很小，只有在高倍数放大镜下，才能看清楚它们那突出的长长的嘴巴、头上奇奇怪怪的犄角以及那纤细裸露着的腿脚。

狩　猎

带着小旗猎狼

农场附近，经常有狼出没。有时叼走一只绵羊，有时叼走一只山羊。由于村里没有自己的猎人，只好派人去城里找人帮忙。

“同志，帮我们解决困难吧！”

当天晚上，就有一队士兵从城里开了进来，他们全都是打猎的能手。随队而来的，还有两辆载货的雪橇，雪橇上放着两个很大的轮轴。轮轴上面密密匝匝地缠着绳子，高高地鼓起，就像驼峰似的。绳子上挂着一面面小红旗，每隔半米就系有一面。

在白色小道上解读

他们向村民们打听，狼是从哪个方向进村的，然后，就去查看狼的足迹，循着脚印搜索前进。他们的身后，紧跟着那两辆放着巨大轮轴的雪橇。

狼的足迹形成一条直线，从村里走出去，穿过庄稼地，伸向密林深处。这看起来似乎只有一头狼，可是那些经验老到的猎手仔细看过后，却说走过去的有一群狼。

进入密林以后，狼的足迹分作五种，猎人们仔细查探一番，就弄清楚了，走在前面的是一只母狼，它的脚印窄窄的、步子小小的，爪槽是斜斜的形状——这些鲜明的特点说明这是母狼的脚印。

随后，猎人们分作两组，分乘雪橇，在树林里绕了一圈。

所有的地方都没有发现狼离开林子的足迹。很明显，这一窝狼仍然在林子里。看来，有必要赶紧来一场围猎。

在黑夜里

那天夜晚，月光朗照，异常寒冷。

母狼睡醒了，最先站起身子，公狼也跟着站了起来。随后，今年刚出生的那三只小狼也站起身来。

四周全是茂密的树木。一轮圆月浮挂在枝叶稀疏的云杉树梢，宛如即将下落的夕阳。

狼的肚子饿得咕咕直叫。饿得好难受呀！

母狼抬起头，朝着月亮嗥叫起来，随后，公狼也凄怆地嗥叫起来。紧接着，小狼也发出尖细的嗥叫声。

村子里的牲口听到狼嗥，个个心惊胆战，牛吓得“哞哞”地叫起来，山羊也吓得“咩咩”地叫起来。

母狼迈开步子。跟在后面的是公狼，再后面是一岁的小狼。

它们小心翼翼地迈着步子，后面的狼认准脚印，不偏不倚地踩着前一只狼的脚印走。它们穿过丛林，向村庄进发。

突然母狼停住了。公狼也站住了。小狼也止住了脚步。

母狼那一双凶狠的眼睛，惶惶不安地闪烁着。它那灵敏的鼻子嗅到了小红旗散发出来的刺鼻气味。它看见前面林中的灌木上，挂着一些黑乎乎的布片。

上了年纪的母狼经验丰富，见识过各种各样的事情。可是这种情况却从来不曾遇到过。不过它知道，哪儿有布片，哪儿就有人。谁知道他们会做些什么呢？说不定正躲在田野的某个地方守候着呢！

得往回走。

它掉过头，连蹦带跳，蹿进了密林里。后面紧跟着公狼，再后面是小狼。

它们飞快地穿过整个树林，到了林子的那一边，又站住了。

又是布片，一条条挂在那儿，就像一条条伸出来的舌头。

它们东奔西窜，一次次地横穿丛林，可是，这儿，那儿，到处都是布片，哪儿也找不到出路。

母狼觉得情形有些不妙，连忙逃回密林里，疲惫地躺倒在地。公狼也卧倒了。小狼也跟着卧倒了。

它们是走不出这个包围圈了。还是忍着饥饿吧。谁知道这些人在打什么主意呢？

肚子饿得咕咕叫。天真冷啊！

驱　赶

狼正在密林深处打盹儿。突然听到从村庄的方向传来嘈杂的吆喝声。

母狼一跃而起，朝着林子的另一方向逃窜。它后面跟着公狼，公狼后面跟着小狼。

它们竖起了脖颈上的鬃毛，夹紧尾巴，两只耳朵紧紧向后抿着，眼睛中闪烁着绿光。

到了树林边，又看见了红布片儿。

折身回逃！

嘈杂声越来越近。听得出有许多人围了过来，木棒敲得嘭嘭响，震耳欲聋。

得往回跑，避开他们！

又到了树林边缘。红布片没有了。

赶快向前逃！

就这样，狼的一家子全都陷入猎手们的包围中。

灌木丛里蹿出了道道火舌，枪声乒乒乓乓地响起来。公狼高高地蹿起，又嘭的一声跌到了地上。小狼们满地翻滚，凄厉地尖叫着。

士兵们的枪法十分精准，小狼一只也没能逃脱。只是，那只母狼却不知道逃到哪里去了。它是怎么逃走的，没有人看见。

打这以后，村子里再也没有丢失过牲口。

祖国各地无线电大串联

呼叫！呼叫！

我们是列宁格勒《森林报》编辑部。

今天，12 月 22 日，冬至日。现在，我们将跟祖国各地举行今年最后一次无线电播报。

我们呼叫祖国各地的苔原、草原、森林、沙漠、高山和海洋。

今天正式进入隆冬，是一年之中白天最短、黑夜最长的日子。请告诉我们，现在你们那里发生了些什么事。

请回复！请回复！

北冰洋远方岛屿回电

我们这儿正值黑夜最长的时候。太阳已经远离我们，沉到大洋里面去了，在来年春天降临之前，它再也不会升起来了。

大洋的表层被厚厚的冰雪覆盖，在我们这儿岛屿的苔原上，处处是冰天雪地。

还有哪些动物留在我们这儿过冬呢？

在大洋的冰层下面，生活着的是海豹。它们趁冰层还比较薄的时候，在冰上面给自己开了通气孔，每当有薄冰挡住通气孔，它们就马上用嘴撞开，让通气口保持畅通。海豹就是从这些通气孔呼吸新鲜空气的。有时候它们还会爬出来，躺在冰面上，歇一歇，睡一睡。

这时候，公白熊会偷偷地靠近它们。公白熊和母白熊不一样，它们不冬眠，不需要钻进冰窟窿里躲起来。

在苔原的积雪下面，还居住着一种短尾巴旅鼠。它们在雪底挖掘了许多通道，啃食那些埋藏在雪下的细草。浑身雪白的北极狐懂得用鼻子去搜寻它们，把它们从雪底下挖出来。

北极狐还捕食另一种野味：苔原雷鸟。当苔原雷鸟钻进雪里睡觉时，嗅觉灵敏的北极狐就悄悄地向它们靠近，毫不费力地将它们捉住。

除此之外，在冬季我们这儿就没有别的野兽和鸟类了。就是北方驯鹿也会在冬季来临之前，千方百计离开群岛，沿着冰原走进原始密林中去。

这里整个冬季都是漫漫黑夜，没有阳光，在这种情况下，我们怎么看东西呢?

其实，即便是没有太阳，我们这儿还是有光亮的。首先，在有月亮的时候，就朗月当空。其次，我们这里还会时不时地出现北极光，在天空闪烁着，非常耀眼。

这种神奇的极光，不时地变幻着色彩，有时候像一条飘逸舞动着的彩带，沿着天空铺展开来，有时候像一条瀑布似的在天空飞流直泻，有的时候却像根柱子或者一柄利剑直刺天穹。地面上洁净的白雪，与极光交相辉映，光芒四射。此时，天地间就亮得如同白日一样。

天冷吗?当然，冷得刺骨。有狂风，还有暴风雪。暴风雪那个厉害呀，一刮，就把我们的房屋给埋在雪里，我们已经有一个星期无法出门了。不过，什么样的困难都吓不倒我们伟大的苏联人民。我们一年年地向北冰洋深处挺进；勇敢的苏维埃北极探险队，早就已经开始研究北极了。

顿河草原回电

我们这儿也将开始下雪，这对我们来说无所谓！——这儿冬季不长，也没那么寒冷。甚至河流也不会全部封冻。野鸭从各处湖泊迁徙到这里，就不想再南飞了。秃鼻乌鸦从北方飞到我们这儿，逗留在小镇上、城市里。它们在这里有足够的食物，可以一直生活到3月中旬，到那时再飞回故乡去。

在我们这儿过冬的，还有从遥远的苔原飞来的小客人：铁爪鹀（wú）、角百灵，个头很大的白色雪鸮。雪鸮习惯在白天出来觅食，要是不这样，在夏季的苔原，它该怎么生活呢？那时候，苔原上只有白昼，没有黑夜。

冬季，空旷的草原上，覆盖着厚厚的积雪，人们无事可做。不过，在地底下，我们要干的活儿可多了：我们要开着机器，从深深的矿井里挖煤，再用电力升降机把煤送到地面上，然后用一列列的火车把煤运输到全国各地，送到各种工厂里去。

新西伯利亚原始森林回电

原始森林里的积雪越来越厚了。猎人们乘着滑雪板，成群结队地往大森林里去。他们身后拖着轻便、窄长的雪橇，上面载满食物和其他的生活用品。很多猎犬欢快地跑在他们的前面。这些猎犬都是莱卡犬，它们有着一双高高竖起的尖耳朵和一条蓬松的卷起来的尾巴。

森林里有着数不清的淡蓝色的灰鼠、珍贵的黑貂、毛茸茸的猞猁狲、雪兔、健壮的驼鹿、棕黄色的鸡貂（它的毛可以制作上好的画笔），还有银白色的白鼬，以前它的毛皮用来缝制沙皇的皮袍，如今则用来给孩子们做帽子。还有许多火红色的火狐和棕黄色的玄狐，以及许多美味的榛鸡和松鸡。

熊早已钻进它那隐蔽的洞穴，在里面呼呼大睡。

猎人们进入森林，一待就是好几个月，他们在森林里面的小木屋里过夜。冬季白天很短，他们整天都得忙着在林子里设置陷阱，捕捉各种野兽和飞禽。这个时候，他们的莱卡犬就会在林子里跑来跑去，寻寻觅觅，用鼻子闻闻、瞪起眼睛看看、竖起耳朵听听，寻找松鸡、灰鼠、西伯利亚鼬和驼鹿，甚至是正在酣睡的熊。

等到一队队猎人走出森林的时候，他们的雪橇上载满了各种猎物。

卡拉库姆沙漠回电

春季和秋季，我们这儿的沙漠并不像沙漠——处处生机盎然。而夏季和冬季，这里却荒芜死寂。夏季，鸟兽找不到食物，而且热浪灼人；冬季，沙漠里也没有食物，只有刺骨的严寒。

到了冬天，各种飞禽走兽飞的飞，走的走，纷纷逃离这个可怕的地方。南方明亮的太阳，徒然升起在无边无垠的雪原上。因为这里已经了无生机，所以没有飞禽走兽欣赏这明朗的太阳和洁白的雪。即便太阳消融了积雪，那又能怎样呢？反正雪底下只是没有生命的沙子。乌龟、蜥蜴、蛇、昆虫，甚至是老鼠、黄鼠、跳鼠之类的热血动物都深深地钻进沙子里，冻僵了，冬眠了。

暴风雪在原野上横行无忌，没有谁能够阻挡，因为它才是冬天里茫茫沙漠中的主宰。

不过，这样的状况不会一直持续下去。人类正在征服沙漠：开河筑渠，植树造林。我们相信在不久的将来，无论是夏季还是冬季，沙漠里也一样充满生机。

请回复！请回复！

高加索山区回电

在我们这儿，夏季和冬季并不那么分明，夏季里面有冬天，冬季里面也有夏天。

我们这儿，有着极高的山，就像卡兹别克山和厄尔布鲁士山那样傲然地耸入云霄。山峰上常年覆盖着积雪和冰盖，即便是炎热的阳光，也难以消融。在冬天，我们这儿有连绵群山保护，严寒难以征服，这里的谷地和海滨，依然百花盛开。

冬天只能把羚羊、野山羊和野绵羊从山顶赶到山腰，再往后它就没有威力了。冬季，山顶飘着鹅毛大雪，而山下的谷地，却下着温暖的雨。

我们刚刚从果园里采摘了橘子、橙子、柠檬，上缴给国家。

我们的花园里，还有玫瑰在静静地绽放，引来蜜蜂无数，嗡嗡地飞来飞去。在向阳的山坡上，第一拨的春花已经开放，有绿色花蕊的纯白雪莲花，也有黄色的蒲公英。在我们这儿，四季鲜花常开，母鸡一年四季都在下蛋。

冬季，当寒冷和饥饿降临时，我们的野兽和飞禽不需要离开它们夏天的居住地，也不需要长途跋涉，迁徙他乡，它们只需要下到半山腰或者山脚下、谷地里。在那儿，它们就可以避开寒风，找到充足的食物。

我们的高加索呵护了多少有翅膀的来客啊——那些逃避北方严寒的难民们！我们给它们提供了充足的美食和温暖！到这来的，有苍头燕雀、椋鸟、百灵、野鸭，还有嘴巴长长的丘鹬。

尽管今天是冬至，是一年中白昼最短、黑夜最长的一天，可是明天就要迎来新年了，元旦的白天将阳光灿烂，夜晚繁星满天。在我国的最北部——北冰洋，我们的朋友没有办法走出家门，因为那里暴风雪是如此之大，天气如此严寒。而在我国的最南部，我们出门用不着穿大衣，只需穿上薄薄的单衣就足够了。我们仰望高耸入云的山峰，欣赏着万里晴空中悬着的那一弯月牙。宁静大海里微波泛起，在我们的脚下溅起轻柔的浪花。

黑海回电

没错，今天黑海的波浪轻轻地拍打着海岸，沙滩上，鹅卵石在海浪轻柔的抚摸下，轻轻地翻身滚动，唱出懒洋洋的催眠曲。幽暗的水面上，一弯明亮的月牙儿投下纤细的身影。

暴风雨的季节已经过去了。那时候，我们这儿的大海狂躁不安，澎湃汹涌，滔天的巨浪猛烈地冲击着礁石，哗啦啦、轰隆隆地吼叫着，浪花飞沫远远地溅到岸上。而到了冬天，狂风就很少来打扰我们了。

黑海没有真正的冬季。不过是海水稍微变凉，北部海岸一带会稍微结上一点冰，如此而已。我们的大海一年四季都热闹非凡：欢乐的海豚在海里戏水，黑鸬鹚（lú cí）在水中出没，白色的海鸥在空中飞翔。海面上，豪华的汽船和邮轮来来往往，摩托快艇疾驶前进，轻盈的帆船滑行穿梭。

前来我们这儿过冬的，有潜鸟和各色各样的潜鸭，还有粉红色的鹈鹕，它的嘴巴下长着个大肉袋，用来盛放捕到的小鱼。我们的黑海，冬天并不寂寞，同夏天一样趣味无穷，生机勃勃。

1月21日~2月20日
太阳进入宝瓶宫

No.11

啼饥号寒月

（冬季第二月）

一年：太阳在 12 个月内谱写的乐章

1 月——按照我们老百姓的说法，1 月是从冬入春的转折点，是新的一年的开始，是冬季的中段。新年过后，白昼好像兔子跳跃似的，向前一撑一跳，猛然之间就变长了。

大地、森林和水上都盖着厚厚的积雪，到处是银装素裹。所有的生命仿佛长眠似的，陷入了沉沉的酣睡之中。

大地上的生灵，在这段难熬的季节里，会巧妙地假装死亡。花朵凋谢，青草枯萎，树木脱尽落叶，一切都停止了生长发育。但是停止生长发育，并不意味着它们已经死去。

厚厚的积雪之下，一切看似死气沉沉，实际上却蕴藏着顽强的生命力，尤其是为来年生长和开花储备着巨大生机。松树和云杉把它们的种子紧紧地包裹在拳头大小的球果里，完好无损地保存着。

冷血动物也都隐藏起来，都被冻僵了，但是它们一样没有死亡，甚至像螟蛾这样柔弱的小东西，也没有死，而是躲进了自己的藏身之所。

鸟类是热血动物，它们的体温非常高，从来不冬眠。许多动物，甚至小小的老鼠，整个冬天，都在忙忙碌碌地奔波着。还有一桩怪事，熟睡在厚厚积雪下的洞穴中的母熊，在 1 月份的寒冷天气里，竟然产下了一窝还没有睁眼的小熊崽，尽管整个冬季它什么也不吃，却还能用自己的乳汁喂养这些熊宝宝，而且一直持续到春暖花开。

林中逸闻

森林里冷啊，真冷

凛冽的寒风在空旷的田野里肆意游荡，在光秃秃的白桦林和山杨林之间乱窜。它钻进飞禽那收拢的羽毛里，渗进走兽那稠密的皮毛里，把它们的血液吹得冰凉。

不管是地上，还是枝头，几乎都没有小鸟们的立足之地，到处是冰锁雪封。小脚爪快冻得受不了了！必须得跑着、跳着、飞着，变着法子取暖。

谁要是有温暖、舒适的洞穴和巢窠栖身，并有着充足的食物储备，那它的小日子可就惬意了。它可以吃得饱饱的，把身子蜷缩成一团，美美地睡上一大觉。

吃饱了就不怕冷

对兽类和鸟类来说，只要能够吃饱，就没有什么可担忧的了。饱餐之后，它们的体内就会发热，血液温度上升，暖意自然传遍全身。皮下的脂肪，就像暖和的毛皮大衣的厚衬，或者羽绒服里面的夹芯。即便寒气能够透过绒毛，能够钻进羽毛，也绝对无法穿过脂肪层。

如果有充足的食物，冬天就不用怕。可是，在寒冷的冬天里，

到哪儿去找食物呢?

狼在森林里徘徊，狐狸在森林里寻觅，可是森林里空空荡荡，兽类和鸟类有的藏起来，有的飞走了。白天，乌鸦在林子里飞来飞去，夜晚，雕鸮在林子里往来穿梭。它们是在寻找食物，可是，哪儿都找不到食物。

待在森林里，肚子真饿啊，真饿!

小屋里的山雀

在饥饿难熬的日子里，林中的各种飞禽和走兽，都会大胆地向有人类居住的地方靠近。因为这些地方比较容易找到吃的，可以从人类的垃圾中觅得食物。

饥饿能使鸟兽们忘掉恐惧。为了生存，原来胆怯的林中居民不再怕人。

黑琴鸡和灰山鹑偷偷地飞进打谷场与谷仓，雪兔频频地光顾人们的菜园，白鼬和伶鼬则溜进地窖里捉老鼠和家鼠吃。我们《森林报》的记者在林中有个小木屋，有一次，门开着，一只荏雀径直飞进来。它有着一身金黄色的羽毛，两颊的绒毛是白色的，胸脯上有黑色的条纹。它对主人毫不在意，旁若无人地啄食餐桌上的食物碎屑。

主人关上房门，于是荏雀成了俘虏。

它在小屋里住了整整一个星期。没有人去惊扰它，也没人喂它，但它明显地一天天胖起来。它成天在屋子里寻找食物。捕捉蟋蟀，搜寻沉睡在木板缝里的苍蝇，啄食食物残渣，到了夜里，就钻进俄式炉子后面的缝隙里睡觉。

过了几天，它捉光了屋子里面所有的苍蝇和蟑螂，就开始啄食面包。再后来，什么书本啦、纸盒啦、软木塞啦……凡是看得到的东西，都让它给啄坏了。

主人就只好打开门，把这位小小的不速之客撵出小屋。

老鼠从森林出走

到了冬季，森林里的那些野鼠，储备的食物越来越少。为了免遭白鼬、伶鼬、鸡貂和其他食肉动物的捕食，它们只好逃出自己的洞穴。

然而，积雪覆盖着森林，大地也白茫茫一片，没有东西可吃。成群结队的野鼠只好离开森林。这样一来，农场里的粮仓、谷仓就要遭殃了，大家得随时警惕着。

伶鼬会追寻着鼠迹而来。可是，它们的数量毕竟太少，难以将所有野鼠捉尽，鼠害也不能被彻底消除。

请大家保护好自己的粮食，别让这些啮齿类的动物来打劫！

城市要闻

免费食堂

那些鸣禽在这个季节，饱受饥寒之苦。心地善良的城里人在花园里或者直接在自家的窗台上为它们设置了小小的“免费食堂”。有人把面包片和牛油之类用线串起来，挂到窗外。还有人在花园里放上装着饭粒和面包屑的小筐子。

荏雀、白颊鸟、青山雀，有时还有黄雀、红雀以及其他冬天里的小客人，成群结队地光顾这些免费食堂。

学校里的生物角

无论你到苏联哪一所学校去，都可以看见一个生物角。生物角放着很多的箱子、罐子还有笼子，里面养着各种各样的小动物。这些小东西，都是孩子们在夏天野外郊游的时候捉到的。现在，他们有很多的事情要做：要给所有的小动物喂食喂水，让它们吃饱喝足，要逐个儿给它们安排合适的地方居住，还得小心看住它们，不让它们逃走。这里有鸟类，有兽类，还有蛇、青蛙和昆虫等。

在一所学校里，我看到孩子们在夏天写的一本日记。从日记中不难看出，他们收集这些小动物是经过认真考虑的，并不是随便抓来玩玩。

6月7日这天，日记中写着："我们在宣传栏里贴出了告示，号召大家把捉来的所有小动物，都交给值日生。"

6月10日，值日生在日记中写道："塔拉斯送来一只啄木鸟。米罗诺夫交来一只甲虫。加甫里洛夫送来一条蚯蚓。雅科夫列夫带来的是一只瓢虫，还有一只粘在荨麻上的小甲虫。鲍尔晓夫带回一只篱雀的雏鸟……"

这样的内容，日记里几乎每天都有。

"6月25日，我们到一个池塘边玩，捉到了许多蜻蜓的幼虫，还有其他虫子。此外，我们还抓住一只蝾螈，这是我们很需要的东西。"

有些孩子还会把他们捕捉到的小动物很仔细地描述一番。

"我们捕捞到许多水蝎子、松藻虫，还有青蛙。青蛙有四条腿，每条腿有四个脚趾。青蛙的眼睛乌黑闪亮，鼻子是两个小孔。青蛙的耳朵大大的。它给人类带来极大的好处。"

到了冬天，孩子们还会凑钱在商店里买一些我们州里没有的动物，如乌龟、金鱼、天竺鼠，以及一些毛色鲜艳的鸟类。一走进生物角，你就可以看见这些"房客"，有的是毛茸茸的，有的是光溜溜的，有的浑身长满羽毛。还能听见它们热闹的喧嚣声，有的尖叫，有的婉转，有的哼哼唧唧，简直就像一个真正的动物园。

孩子们还会彼此交换自己饲养的动物。夏天，一所学校抓到了许多鲫鱼，而另一所学校养了很多兔子，多得已经没有地方安置了。两所学校的孩子们就开始交换：四条鲫鱼换一只兔子。

这些都是低年级的孩子们做的事情。

高年级的学生都会有属于自己的组织——少年自然科学研究小组，几乎

每一所学校都有。

在列宁格勒少年宫，也有一个这样的小组，各个学校每年都会派出自己最优秀的少年自然科学家到那里参加活动。在那里，小动物学家和植物学家，学习怎样观察动物和捕捉动物，怎样照料饲养它们，怎样制作动物标本，怎样采集植物，并将它们制成植物标本。

从整个学年开始到结束，小组成员经常到城外，到各地去参观游览。夏天，他们整个中队离开列宁格勒，出远门，去外地考察。他们在那里要住整整一个月，每个人都有自己的分工：植物学的组员采集各种植物标本；兽类学的组员捕捉老鼠、刺猬、鼩鼱、小兔子和其他的小动物；鸟类学的组员寻找鸟巢，观察鸟类活动；爬虫学的组员捕捉青蛙、蛇、蜥蜴、蝾螈；水族学的组员捕捉鱼和各种的水生动物；昆虫学的组员捕捉蝴蝶、甲虫，研究蜜蜂、黄蜂、蚂蚁的生活习性。

那些热爱并学习米丘林（苏联植物学家、园艺学家）的少年，在学校的试验田里开辟了果树和林木的苗圃。园子虽然不大，但每一年他们的收获可真是惊人呢。

而且所有人都写了日记，记录了观察的结果以及自己的工作心得。

无论是下雨、刮风，还是霜露、酷暑，他们都未曾停下；不管是在田野、草地、河流、湖泊，还是森林，或者是农场的农活儿，都引起了少年自然科学研究者的浓浓兴趣。他们正在努力研究着祖国丰富多彩的自然资源。

在我们国度里，未来的科学家、研究人员、猎人、动物足迹研究者、大自然的改造者正在一天天茁壮成长。他们是前所未有的崭新一代！

狩 猎

冬季是捕猎大型野兽——狼和熊的大好时机。

冬末，是森林里闹饥荒最为严重的时候。饥肠辘辘的狼壮着胆子，成群结队，四处搜寻，甚至在靠近村口的地方出没。而熊，要么在洞穴里酣然大睡，要么在森林里到处游荡。这些到处游荡的熊，直到深秋还在吃动物尸体，并在村子里偷食牲畜。它们来不及储备粮食，没能做好冬眠的准备，所以只好以雪为家了。还有一些熊，是因为它们在洞穴里受到惊吓、侵扰逃出来的，它们不敢再回去，也不想再寻找新的洞穴，就加入“游荡者”行列，在森林四处奔走。

捕猎“游荡熊”时，你要穿上滑雪板，带上猎狗。猎狗会在很深的雪地里一直驱赶它，直到它走不动为止。猎人要踩着滑雪板，紧紧跟在猎狗后面。

捕猎猛兽可不比打鸟，随时都会发生意外。有些时候，很可能猎物变成了猎人，猎人反而变成了猎物。

在我们州，就曾发生过这样的悲剧。

对熊的围猎

1月27日，塞索伊奇从森林里出来，并没有回家，而是直接去了相邻的农场。他去了邮局，给自己在列宁格勒的一个朋友——一名医生，也是一名捕熊的好猎手，发了份电报：“发现熊窝。速来。”

第二天，来了回电：

“2 月 1 日，我们三人准时到。”

在之后的几天里，塞索伊奇每天都去查看熊窝。熊在里面睡得正酣。在洞口外面的灌木上，每天都有一层新结上的霜，这是熊呼出的热气遇冷结成的。

1 月 30 日，塞索伊奇检查过熊窝后，途中遇见了同一农场庄员：安德烈和谢尔盖。两位年轻的猎人正到森林里去猎松鼠。塞索伊奇想提醒他们别到熊窝所在的那座林子去。但转念一想：两个小伙子年纪正轻，好奇心重，如果让他们知道了，说不定会更想去看熊窝，惊扰了熊。所以他没吭声。

31 日清晨，塞索伊奇又来到熊窝前查看，不由得惊呼出声。熊窝翻乱了，熊也逃走了！在距离熊窝 50 步的地方，倒着一棵松树。看来，谢尔盖和安德烈向树上的松鼠开枪，打死的松鼠卡在枝丫上，够不着，所以他们就砍倒了这棵树。结果，熊被吵醒逃走了。

两个猎人滑雪板的划痕，是通向砍倒的松树的这一边，而熊的足迹却是从熊窝里出来，通往另一方向。好在四周云杉茂密，在丛林的遮掩下，两个猎人并没有发现熊，所以没有去追赶。

塞索伊奇一刻也不敢耽搁，立刻沿着熊迹追了上去。

第二天傍晚三个来自列宁格勒的人准时到达。其中的两个人——医生和上校，是塞索伊奇熟悉的。和他们一起来的还有一个人。这个人身材高大魁梧，举止傲慢，蓄着两撇乌黑发亮的髭须，下巴上也蓄着精心修剪过的漂亮胡子。

从第一眼看到，塞索伊奇就不大喜欢他。

“嘿，瞧他那个油头粉面的模样，”小个儿猎人打量着陌生人，心里想："看起来年纪也不轻了，可还这么红光满面的，胸膛挺得跟只公鸡似的。头上哪怕有几根白头发也好啊，也让人瞅着服气嘛。"

最让塞索伊奇恼火的是，他得在这个傲慢的城里人面前承认自己疏忽——没有看住野兽。他说，熊现在藏身的那座林子找到了，四周没有它逃出去的足迹。当然了，这会儿，熊肯定是睡在雪面上。看来，只能用围猎的办法来捕捉它了。

傲慢的陌生人听到这个消息，鄙夷地皱了皱眉头。他什么也没有说，只是问了句："野兽个头大不大？"

"脚印很大，"塞索伊奇回答说："我敢保证，这头熊的重量不少于200公斤。"

这时，那个傲慢的家伙，耸了耸像十字架一样挺直的肩膀，瞧都不瞧塞索伊奇一眼，说道：

"本来是请我们来掏洞猎熊的，现在却变成了围猎。赶围的人究竟能不能把熊赶到狙击点，这还是个问题呢！"

这个疑问很侮辱人，深深地刺痛了小个儿猎人。不过，他没有搭腔，只是在心里暗想：

"赶围当然是没有问题，倒是阁下你自己，可得留点神哦，别让熊灭了你的威风。"

他们开始商讨围猎的方案。塞索伊奇提醒说，捕猎这样的大家伙，应当在每个猎人身后，配一名预备射手。

那位傲慢的陌生人表示强烈反对，他说："谁要是对自己的枪法没有信心，谁就不该去猎熊。猎手后面还给配一个保姆，这还算什么猎人呢？"

"这家伙的胆子真大！"塞索伊奇心里暗想。

这时，上校发言了，他认为，小心驶得万年船，谨慎一点，总不会是一件坏事。所以有一个预备射手，没什么妨碍。

医生也附和他的意见。

那个傲慢的人十分不屑地瞟了他们一眼，耸了耸肩，轻蔑地说："既然你们害怕，那就照你们说的办吧。"

第二天一大早，天还没有亮，塞索伊奇就叫醒了三位猎人，然后又去召集赶围的人。

当他回到农舍时，刚好看见那个傲慢的家伙正从一只包着丝绒面的小提箱里取出两把猎枪。那只提箱，轻巧灵便，像是用来装琴的盒子。塞索伊奇看得眼睛都亮了：这么棒的猎枪，他还从没有见过呢。

那人收起枪，又从箱子里拿出金光锃亮的子弹，其中有尖头的，也有圆头的。他一边摆弄着这些东西，一面不无炫耀地告诉医生和上校，他的枪有多好，子弹有多厉害；他在高加索怎样猎野猪，在远东怎样打老虎。

塞索伊奇虽然脸上不动声色，但心里却觉得矮了对方一截。他非常想再靠近一些，好好地见识见识这两管了不起的猎枪，可他终究提不起勇气求人家把枪借给他看看。

天刚蒙蒙亮，一大队载重的雪橇就出了村，向着森林进发。塞索伊奇坐在最前面的雪橇里，跟在他后面的是40个围猎的人，最后面的是那三个外来人。

在距熊藏身的那座林子一公里的地方，大家停了下来。猎人们钻进了一座小土窖，生起火取暖。

塞索伊奇乘滑雪板出去侦察了一番，然后赶回来布置围猎的人。

看上去一切正常，熊没有离开包围圈。

塞索伊奇安排呐喊赶兽的人呈半圆形站在林子的一侧，安排不用呐喊赶兽的一拨人站在另一侧。

围猎熊，可不同于围猎兔子。呐喊驱兽的不用进林子包抄，他们只需自始至终地站在原地呐喊就可以了。不发声音的人，从呐喊人的两侧起，一直排到狙击线。这么做，是为了防止野兽被呐喊的人撵出时从两侧逃窜。他们不用喊叫。如果野兽向他们奔去，他们只需要摘下帽子对着野兽挥舞。他们只需这样做，就足以把熊撵入狙击线。

布置好围猎的人，塞索伊奇这才跑到猎人那儿，领着他们去各自的狙击点。

狙击点只有三个，彼此相距 25 至 30 步。小个儿猎人需要把熊赶上这条总共才 100 步宽的狭窄通道。

在一号的狙击点上，塞索伊奇安排了医生，在三号狙击点上，他安排了上校，而那位傲慢的猎手则被他安排在中间，也就是二号狙击点。这儿有熊进入林子留下的足迹，熊如果从藏身的地方逃了出来，一般来说会沿着之前的足迹逃出林外。

年轻猎人安德烈站在傲慢的猎手的后面。之所以选择他，是因为他比谢尔盖有经验，也更有耐心。

安德烈是作为预备射手站在那里的。预备射手只有在野兽突破射击线或扑向猎人时，才可以开枪。

所有的射手都穿着灰色长袍。塞索伊奇悄声对众人下达了最后的命令：不许喧哗，不许抽烟；在赶围的人开始呐喊之后，所有的人待在原地不要动，要等野兽尽可能靠近猎手。

塞索伊奇在吩咐完这些后，跑到呐喊的人那里。

半小时过去了，这半小时真是令猎人们难熬啊。

终于，林中吹响了猎人的号角——两个拖长的、低沉的号角声顿时传遍了落满白雪的森林，仿佛冻结在冰冷的空气里，久久不散。

接下来是短暂的、安静的瞬间。然后，林中传来了赶围的人震天动地的呐喊声。众人各施手段，或说话，或呼号，或呐喊，有人以低低的声音学起汽车汽笛声，有人汪汪地装狗叫，还有人发出了难听的猫的尖叫声。

塞索伊奇吹过号角，发出信号后，就和谢尔盖一起乘着滑雪板，飞也似的冲进林子，去撵野兽。

围猎熊，可不同于围猎兔子。除了呐喊的和不出声的围猎者外，还需要有撵熊的人。撵熊的人要把熊从睡觉的地方撵出来，赶着它朝射手的方向跑。

塞索伊奇从足迹上已经知道这头野兽的身躯相当庞大。可是，

当一个乌黑蓬松的大熊背脊出现在云杉树丛的上方时，小个儿猎人仍然禁不住打了个哆嗦，慌慌张张地朝着空中开了一枪，和谢尔盖一起大声喊了起来：

“来啦，来——啦！”

围猎熊，确实跟围猎兔子不一样。事先准备的时间很长，而打猎时间却很短。可是，由于长时间焦躁不安的等待，以及等待过程中因为意识到危险而随时紧绷的神经，会使射手们在打猎过程中总觉得一分钟有半小时那么长。在狙击点等了这么久，突然之间，你看到野兽或听见邻近位置上的枪声时，才会回过神来，但这时一切都已经结束，用不着你开枪了，那种感觉真是活受罪！

塞索伊奇跟在后面，拼命地赶熊，想让它拐向该去的地方，可徒劳无功：要赶上熊，谈何容易啊。在这种地方，人如果不踩着滑雪板，每走一步，都会陷入齐腰深的积雪中，要从雪中拔出腿来，可不是一件容易的事。但熊走起来却像坦克一样，一路上横冲直撞过去，把灌木丛和小树撞得东倒西歪。它行进的速度，快得像一艘滑行艇，自身边两侧，两股雪尘高高地扬起，仿佛两面白色的翅膀。

很快，熊就在小个儿猎人的视野里消失了。但是没过两分钟，塞索伊奇就听到了枪声。

他用力抓住靠近身旁的一棵树，才稳住了脚下飞驰的滑雪板。

结束了吗？熊被打死啦？

他一肚子的疑问，但就在这时，又传来第二声枪响，接着是一阵绝望的、充满恐惧和疼痛的呼号声。

塞索伊奇重新向前滑行，拼命朝着射手的方向滑去。

他赶到中间那个狙击点时，恰好看见上校、安德烈和脸色像

雪一样煞白的医生正奋力揪住熊的毛皮，把它从倒在雪地里的第三个猎人身上拉起来。

原来事情经过是这样的：

熊顺着自己进林子的足印往回逃跑，恰好正对着二号狙击点。本来应当在10至15步的距离开枪，但猎人忍不住了，在60步远的距离朝野兽开了一枪。一头大型野兽飞跑起来，看似笨拙，实际速度非常之快，所以只有在离得很近的情况下，子弹才有可能准确无误地击中它的头部或心脏。

这位猎人，从他那上好的猎枪射出的子弹并没有击中熊的要害，而是击中熊左边的后大腿。熊痛得发狂，猛地扑向猎人。

猎人完全慌了神，竟然忘记了他的猎枪里还有子弹，而且在他的身旁还有一支备用的猎枪，他丢掉猎枪，转身欲逃。

野兽用尽了力气，向着这个伤了自己的人的背部击去，把他压在雪地里。

安德烈，这名预备射手，这会儿可一点也不含糊。他把自己的枪管捅进熊张开的嘴巴里，连扣两下扳机。

哪知，双管枪卡壳了，没有子弹射出，只噗噗地响了两声。

站在旁边三号狙击点的上校看清眼前的一切，他见邻近的伙伴生命正受到威胁，应该立即开枪。可是，他知道如果打偏，就会误伤甚至打死自己的同伴。于是，他跪下一条腿，瞄准熊的脑袋，开了一枪。

熊庞大的上半身猛地掀了起来，在空中僵了一会儿，然后像座小山似的，重重地倒下，压在猎人身上。

上校的子弹，准确无误地穿过了熊的太阳穴，立时结束了它的性命。

医生也跑了过来。他和安德烈还有上校三人，一起抓住打死的野兽，用力把它挪开，设法抢出那位生死未卜的猎人。

这时，塞索伊奇也赶到了，赶紧跑上去帮忙。

沉重的熊尸挪开了。大家七手八脚地把猎人扶起来。猎人还活着，安然无恙，只是他的脸色煞白，活像个死人。熊还没有来得及撕掉他的头皮。但这个时候，他已经无法正眼去看别人了。

大家把他抬上雪橇，送到农场里。在那里，他稍稍地缓过点神来，尽管医生一再劝他留下来过夜，休息一宿明天再上路。但他还是执意要走，他拿着熊皮去了火车站。

“哦——是啊，”在讲完这件事后，塞索伊奇又若有所思地补充说：“我们太过疏忽了，我们不应该把熊皮给他。或许，他现在正到处大吹大擂，说他帮我们大家除了害，打死了那头熊。说起来那头野兽差不多有 300 公斤重哩……真是一头吓人的大家伙。”

本报特约记者

2月21日～3月20日
太 阳 进 入 双 鱼 宫

No.12

熬待春归月

（冬季第三月）

一年：太阳在12个月内谱写的乐章

2月，是冬蛰月。2月，狂风吹着暴雪，依旧在肆虐着。风，从茫茫的雪原上疾驰而过，却不留下任何的踪影。

这是冬季最后的一个月份，也是最可怕的一个月份。这是饥寒最为严重的月份，也是公狼母狼发情、狼群袭击村庄和小镇的月份。在这个月里，饥肠辘辘的狼群会潜入农场，叼走狗和羊，填饱自己的肚皮。它们每天夜晚都会钻进羊圈觅食。

所有的野兽都瘦弱不堪。秋天肥起来的膘已经无法给它们提供温暖和养分了。

小动物们在洞穴内和仓库里贮备的粮食，也快要吃光了。

积雪，对于许多生灵来说，曾经是帮助保温的朋友，但在这个月里正变成越来越致命的仇敌。树木的枝丫，不堪厚厚积雪的催压，纷纷折断。只有一些野生的禽类，比如野鸡、山鹑、花尾榛鸡和黑琴鸡什么的，却很喜欢深厚的积雪，一股脑儿地扎到雪里面，舒舒服服地睡觉。

可是，在雪底过夜，有些时候也是很糟糕的。白天暖阳灿烂，积雪消融，到了夜晚时，气温骤降，雪面上便会结上一层硬硬的冰壳。除非阳光重新将它们晒化，否则任凭小兽怎样用头撞，也休想从里面钻出来。

2月份，还是摧毁道路的一个月份。这个月里，暴风刮个不停，暴雪满天飞蹿，把雪橇过往的大道都给掩埋了。

度日艰难

森林里最后一个冬月来临了，这也是林中居民最艰难的一个月——苦熬春归月。

所有的林中居民，它们仓库里储存的粮食基本上已经吃光，所有兽类和鸟类都变得消瘦。它们皮下那层保持温暖的脂肪已经消耗殆尽。长时间的忍饥挨饿，它们的体能已经所剩无几。

这时节，天公仿佛有意捉弄似的，在森林里刮起阵阵暴风雪，天气越来越冷。这是寒冬统治的最后一个月了，因此它更加肆无忌惮，以最寒冷的天气作威作福，祸害林中的万千居民。这阵子，所有的飞禽走兽可得坚持住，拿出最后的力量，苦熬强撑过这最后一个月，等待暖春的到来。

我们的驻林记者走遍了所有森林。他们在担心着一个问题：森林里面的飞禽走兽能否熬到春暖花开的时候呢？

他们在森林里看见了许多悲惨的事情。有些林中居民抗不住饥饿和寒冷死掉了。其余的能不能再强挺硬撑着熬过一个月呢？但是，也会有这样一些动物，你完全没有必要为它们担惊受怕，因为它们是死不了的。

结薄冰的天气

有些时候是很可怕的：在冰雪消融之后，天气骤然变得奇寒无比，一下子把融雪的表层冻结起来，结成了一层冰壳。这层冰壳既坚硬，又滑溜，小兽柔弱的脚爪难以将它刨开，鸟儿尖利的喙也难以将它啄破。鹿的蹄子倒是能把它踩穿，但是冰窟窿边缘的棱角锐利得像刀子一样，很容易割破鹿的外皮，甚至伤及血肉。

那么，鸟儿怎样从冰壳下面找到软草和谷粒这样的食物呢？

谁没有力量啄破像玻璃一样的冰壳，谁就只能挨饿了。

也经常有这样的情况：

融雪天，地面上的积雪变得潮湿、松软。到了傍晚时分，一群灰色的山鹑飞落到了雪地上，毫不费力地在雪地里给自己挖了一个洞穴，洞里暖暖的，冒着热气，它们就蹲在里面睡着了。

可是，夜里，严寒倏然降临。

山鹑在温暖的地下洞穴里睡得正香，不曾醒来，也没有感觉到丝毫的寒冷。

次日清早，它们睡醒了。雪下面还是暖洋洋的，只是有些呼吸不畅。

必须得出去：呼吸呼吸新鲜空气，舒展一下翅膀，找些食物填饱肚子。

它们想飞起来，可是头顶上竟然结有一层薄冰，坚硬得如玻璃似的冰。

整个大地结上了光溜溜的

冰壳。它的表面什么也没有，下面是松软的积雪。

灰山鹑用自己的脑袋撞击着冰壳，撞呀撞呀，一直撞到出血——无论怎样，都得从这个冰壳里面出去啊。

假如，最终能冲破这个牢笼，该是件多么幸运的事啊，即便是饿着肚子。

玻璃青蛙

我们的驻林记者，凿开了一个冻着的池塘的冰，挖开水底下面的淤泥，里面躺着许多青蛙。它们钻在淤泥里，挤成一团，显然是在里面过冬。

当记者们把它们从淤泥里面弄出来后，发现它们看上去完全像是玻璃做的。它们的身体变得非常的脆。细细的小腿儿只要稍稍触碰，就会折断，还发出“咔嚓”的清脆碎裂声。

我们的记者带了几只青蛙回家。他们小心翼翼地把冻结成冰的它们放进房间里温暖的地方，让它们一点一点地暖和起来。青蛙逐渐苏醒过来，开始在地板上欢蹦乱跳。

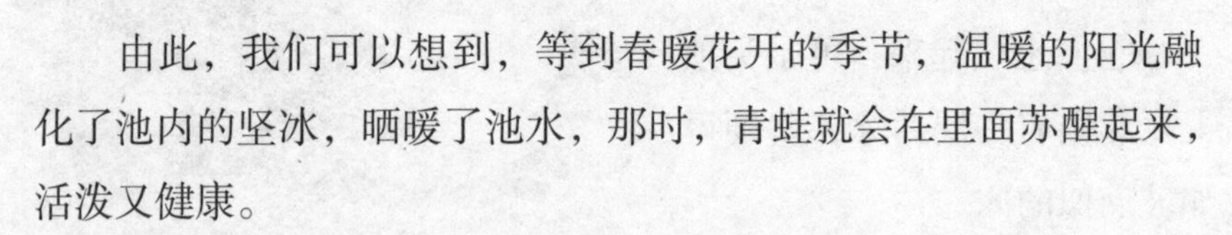

由此，我们可以想到，等到春暖花开的季节，温暖的阳光融化了池内的坚冰，晒暖了池水，那时，青蛙就会在里面苏醒起来，活泼又健康。

睡 宝 宝

在托斯纳河岸上，距离十月铁路上萨勃林诺车站不远的地方，有一个大岩洞。早先，那里曾经是人们采沙的地方，可如今，已经有很多年没有人光顾了。

我们的林地记者，到了这个洞里，在洞顶发现了许多蝙蝠。有些是普通的山蝠，还有一些是被称为“兔蝠”的大耳朵蝙蝠。它们倒挂在那里睡觉，头朝下，爪子紧紧地攀住粗糙不平的洞顶，大致已经睡了五个月。“兔蝠”把自己的两只大耳朵藏在叠起来的翅膀里，身子也包裹在宽大的翅膀里，就好像裹着毯子似的，倒挂在那儿，就这么酣然地进入梦乡。

它们睡眠的时间是如此漫长，这让我们的记者有些不安。于是，他们给它们测了脉搏，量了体温。

夏天，蝙蝠的体温和我们一样，有 37 摄氏度左右，而脉搏每分钟能达到 200 次左右。可是，现在测量到的脉搏只有每分钟 50 下，而体温仅仅只有 5℃。

尽管如此，你完全不用为它们担心，这些小小的睡宝宝健康得不得了呢。它们还可以安静舒适地在地上睡一个月，甚至两个月。等到天气变暖，黑夜来临时，它们就会健健康康地苏醒过来。

钻出冰窟窿的脑袋

一个渔夫从涅瓦河口芬兰湾的冰上走过。在经过一个冰窟窿时，他发现从冰窟窿下面探出了一个光溜溜的脑袋，还有稀稀拉拉的几根硬胡须。

渔夫心想，这或许是哪个溺水而亡的人从冰窟窿里浮出来的脑袋。但是，突然之间，这个脑袋朝着他转了过来，渔夫这才看清了，是一头野兽的嘴脸。它长着胡子，脸皮紧绷，上面生满了光亮的毛须。

它那两只贼溜溜的眼睛，直愣愣地盯住渔夫的脸。然后，“扑通”一声，潜到冰下面消失不见了。

此时，渔夫才明白过来，原来自己看见的是一头海豹。

海豹在冰下捉鱼。它这是把脑袋从水里探出一小会儿，来呼吸一口新鲜空气。

冬季的时候，渔民经常在芬兰湾猎取海豹，当它们从冰层下面探出头来喘气或者是爬到冰层上面休憩的时候，就是捕猎它们的最好时机。

有些时候，甚至会发生这样的事：成群的海豹追逐着鱼儿，一直游入涅瓦河。在拉多牙湖里，海豹数量极其庞大，那里简直就是一个天然的海豹捕猎场。

抛弃武器

森林勇士公驼鹿和小个子的狍子，放弃了头上的犄角。

公驼鹿是自己扔掉头上沉重的武器的：它们在密林中将双角靠在树干上来回蹭，来回摩擦，最终把犄角给磨掉了。

两只狼发现了这么一位头上没有角、失去武器的勇士，决定对它发动袭击。在它们看来，战胜这个大家伙是轻而易举的事。

这两只狼，一只在前，一只在后，双双夹击公驼鹿。

这一场战斗，出乎意料地很快结束了。公驼鹿用坚硬的两只前蹄踩碎了前面那只狼的头盖骨。然后，迅速转过身子，把另一只狼踢倒在雪地上。这只狼伤痕累累，好不容易才从对手身边逃走。

最近这几天，公驼鹿和狍子头上已经长出了新角。这还仅是没有长硬的隆起的肉瘤，外面蒙着一层皮，皮上是蓬松的茸毛。

在冰盖下

让我们来关注一下那些生活在冰层下面的鱼吧。

整个冬季，鱼儿都潜在水底下面的深坑里睡觉，而在它们的头顶上，却是一层坚实的冰。一般而言，这种情况，往往只发生在2月份，即冬末时节。那个时候，在池塘里，湖泊里，它们会明显感觉到空气变得稀薄，不够用。这时，鱼儿几乎要闷死了，它们心绪不宁地张大圆圆的嘴巴，游到冰层的下方，用嘴唇吸收气泡。

也可能会出现鱼儿全部窒息而死的状况。那么，等到春天，冰雪消融之后，你再拿着钓竿来钓鱼，可能已经无鱼可钓了。所以，我们得惦记着鱼儿。在结冰的池塘上或者湖面上凿出几个冰窟窿，还要随时留意它们的情况，不要让冰层重新冻上，好让水底的鱼儿呼吸新鲜的空气。

城市要闻

大街上的斗殴

在城里，已经可以感觉到春天的临近：大街上，会时不时地发生打架斗殴事件。

街头上的麻雀，对行人毫不理会，只管狠狠地啄着对方的后颈，扯得羽毛四处飞舞。

雌性麻雀从来不参与打架，也不对打架的家伙采取任何的制止行动。

每天夜里，猫儿还会在屋顶打架。很多时候，两只猫大打出手，拼得你死我活，它们分开的方式往往是这样的：一只公猫把另外一只打得从高高的楼顶一个跟头飞滚下来。

即便是这样，腿脚灵巧的猫也不会摔死：它跌下去时，正好是四只脚着地，顶多在跌伤之后，一瘸一拐地走上几天路。

修理和建筑

城里到处都在忙着修补老房子，建筑新房子。

老乌鸦、老寒鸦、老麻雀和老鸽子正在忙着修补去年筑起的旧巢。那些去年夏天出生的年青一代，则正在忙着为自己建造新家。建筑材料的需求量大大地增加了。它们选择的建筑材料有粗一点的树枝，细一点的嫩条，还有稻草、马鬃、绒毛、羽毛等。

都市交通新闻

在城市街道拐角的房子上，有一个标记：一个圆圈，里面画着一个黑色三角形，三角形的里画有两只白鸽。

这个标记的意思是："小心鸽子！"

当汽车司机开车到拐角处转弯时，就应该减缓车速，小心翼翼地绕过聚集在马路上的鸽群。这里的鸽子有青灰色的、白色的、黑色的，还有咖啡色的。大人和孩子站在人行道上，抛撒一些面包屑、谷粒，给它们吃。

"小心鸽子！"这个汽车行驶标记，最早出现在莫斯科街头。它是应小学生托尼娅·科尔金娜的请求而挂起来的。如今，同样的标记已经悬挂在列宁格勒和其他大城市繁忙的街道上；男女市民可以与鸽子亲密接触：一面给它们喂食，一面观赏这些象征着和平的鸟儿。

光荣属于那些爱鸟、珍惜鸟类的人！

雪下的童年

积雪正在消融。我到外面去挖种花用的泥土，顺道看看我喂养鸟儿的小菜园子。在那儿，我给金丝雀种了一些繁缕。繁缕鲜嫩多汁的绿色茎叶可是金丝雀的最爱呢。

说起繁缕，大家应该都知道吧？淡绿色的小叶子、几乎让人视而不见的小花，还有那总是缠绕在一起的柔弱的嫩茎。

繁缕紧贴着地面生长，如果你在菜园子里种下繁缕，稍稍疏忽，它们就会爬满整个园子，密密匝匝，一片绿色。

我是在今年秋天撒下繁缕的种子的，当时种得有些晚了。种子发芽，还没来得及长成壮实点的幼苗，刚生出一小段细茎和两片叶子，就被埋在了雪下面。

我不敢奢望它们能够存活下来。

可是，结果如何呢？我一瞧，惊奇地发现它们不仅安全度过了寒冬，而且还长大了呢。现在，它们已经不是柔弱的幼苗，而是一株株的小植物了。还有几株，甚至都长出了花蕾呢！

真是难以置信啊，要知道这可是在冬季，发生在雪底的事情！

尼·巴甫洛娃

狩　猎

巧妙的捕兽器

说句实在话，猎人们用各种巧妙的捕兽器捕获的野兽，要比用猎枪打到的还多呢。要做出捕捉野兽的好机关，不仅要有创意，有办法，还应该清楚野兽的脾气和习性。会做捕兽器、设陷阱是远远不够的，还得能选出最佳地点，将陷阱和捕兽器布置巧妙。一名呆头笨脑的猎人，尽管布下捕兽器和陷阱，仍然会一无所获；而一个聪明而有经验的猎人，设好捕兽器和陷阱，就会满载而归。

钢制的捕兽器是用不着设计和创造的，去买就可以了。可是，要学会安置捕兽器就不是那么简单的事了。

首先，应该知道放在什么地方。捕兽器要放在野兽的洞口边、野兽经过的小径上以及野兽脚印会聚或者交叉最多的地方。

其次，应该知道如何准备和放置捕兽器。要捕捉警觉性很高的野兽，如黑貂、猞猁之类的动物，必须先把捕兽器用松柏叶汁煮过，然后用小木锹铲下一层积雪，戴上手套在那儿放好捕兽器，再把铲下的雪填回去盖住，小心翼翼地用小木锹抚平。如果没有这些预备措施，鼻子灵敏的野兽就能够闻到人的气息，甚至是雪下铁器的气息。就算隔着一层雪，一样无济于事。

如果要用捕兽器对付那些大型的、身强体健的野兽，就得将捕兽器拴在一段沉重的原木上。这样，野兽就没办法把它拖走，逃向远处。

如果要向捕兽器里面放一些诱饵，那就得明白什么样的野兽喜欢吃什么样的食物。有的必须放上老鼠，有的必须放上生肉，还有的应该放上鱼干。

狼　　坑

猎人们经常会挖狼坑捕狼。

在狼出没的小径上，挖一个椭圆形深坑，坑壁必须是垂直、光滑的。坑的大小要能够容得下一只狼，却又不能过大，否则它助跑几步，就能跳出来。在坑的上面，铺上一些细长的树枝，再在上面撒点细枝、苔藓、麦秸，最后再在上面盖上雪。这样，就掩藏了陷阱的痕迹，完全看不出深坑在哪里。

夜里，狼群从小径走过。最前面的一只狼，走着走着，就掉进了陷阱里。

第二天早晨，猎人们到这里把狼活捉。

狼　　圈

还可以设置“狼圈”来捉狼。在地上打入许多木桩，一根挨着一根，围成一个圈。在这个木桩圈的外面，再打上一圈木桩。里面的那个小木桩圈和外面的那个木桩圈之间，留下狭窄的夹道，宽度恰好能让一只狼从中通过。

在外圈装上一扇门，这门只能朝里开。在里圈里面放入一只小猪、小山羊或者小绵羊。

狼闻到它们的气味后，就一只接一只冲进来，开始在狭窄的夹道转起来。转了一圈之后，走在最前面的狼就会碰上小门。它无法向后转身，而前面的门又妨碍它继续往前进，这样，它只能用头顶门。这么一顶，门就关上了。于是，所有的狼都被困在夹道里。

如此一来，它们只能围着小圈里的家畜，没完没了地转圈子，直至猎人过来收拾它们。结果，群狼美味没有吃到口，反倒把自己的性命给赔上了。

地上的坑

冬天，天寒地冻，地面硬得像石头，要挖个坑太难了。所以，冬天人们捕狼，通常不在地下挖坑，而是在地面上设坑布置陷阱。在一块空地的四角，立上四根柱子，紧挨着这四根柱子，密密地打下木桩做一圈栅栏，布下地上陷阱。在这圈栅栏中央，再立上一根高过栅栏的柱子，在柱子的顶端挂上一块肉，作为诱饵。

在栅栏上搁一块木板。

木板的外头着地，里头却高高翘起，悬空，并靠近诱饵。

狼闻到肉味后，就会沿着木板向上爬。当它越过栅栏，由于体重的原因，木板悬空的那一头就会被压下来，狼站立不稳，便一个跟头栽进陷阱里。